U0258671

原子层沉积制造技术及生物传感应用

Atomic Layer Deposition Manufacturing Technology and Biosensing Applications

刘磊 著

化学工业出版社

·北京·

内容简介

本书系统介绍了原子层沉积技术原理及生物传感应用，共分 7 章，主要内容包括原子层沉积（ALD）技术的基本原理、特点、系统和工作模式，聚焦于 ALD 技术的拓展，涉及了 ALD 在摩擦、电磁、噪声、量子和生物传感器领域的应用，重点介绍该技术在生物医学检测领域的前沿发展，在阐明 ALD 技术基本原理的同时，介绍其在前沿领域的先进性和实际应用。

本书可供微纳制造与传感检测等领域的技术工作者阅读使用，也可作为高等院校相关专业师生的参考书。

图书在版编目（CIP）数据

原子层沉积制造技术及生物传感应用/刘磊著. —
北京：化学工业出版社，2024.3
ISBN 978-7-122-45124-8

Ⅰ. ①原…　Ⅱ. ①刘…　Ⅲ. ①纳米技术-应用-生物
传感器-研究　Ⅳ. ①TB303②TP212.3

中国国家版本馆CIP数据核字（2024）第042128号

责任编辑：陈　喆　　　　　　　　装帧设计：孙　沁
责任校对：宋　玮

出版发行：化学工业出版社
　　　　　（北京市东城区青年湖南街13号　邮政编码100011）
印　　装：北京虎彩文化传播有限公司
710mm×1000mm　1/16　印张14½　字数233千字
2024年3月北京第1版第1次印刷

购书咨询：010-64518888　　　　售后服务：010-64518899
网　　址：http://www.cip.com.cn
凡购买本书，如有缺损质量问题，本社销售中心负责调换。

定　　价：158.00元　　　　　　　　版权所有　违者必究

前　言

原子层沉积（atomic layer deposition, ALD）是通过将气相前驱体脉冲交替通入反应室并在沉积基体表面发生化学吸附反应形成薄膜的一种沉积方法。基于独特的自限制表面化学反应机理，ALD 技术沉积的薄膜具有良好的大面积均匀性、精确的薄膜厚度控制和三维共形性等特点。

近 20 多年来，随着工业技术的高速发展，对原子层沉积技术的要求不断提高，在传统的热原子层沉积的基础上，已经开发出了多金属源共馈原子层沉积、等离子体增强原子层沉积、空间原子层沉积、电化学原子层沉积和区域选择性原子层沉积等技术。其中，作者所在研究团队优化设计的多金属源共馈原子层沉积技术实现了二维异质结薄膜的可控制造，这极大地扩宽和丰富了该技术在摩擦学、电磁学、噪声、量子和生物传感器等领域的前沿发展。

癌症严重威胁着人类的生命健康，生物传感器作为实现癌症早期诊断的有效工具，受到了广泛关注。传感器性能的突破很大程度上依赖于材料创新和制造工艺的进步，而原子层沉积技术可实现精确的厚度控制并具有出色的保形性，被认为是制造高比表面积和复杂微纳结构的生物传感器的理想手段。基于原子层沉积开发的生物传感器尽管表现出灵敏度高、稳定性好等优点，但目前的检测对象多为葡萄糖和蛋白质，相关生物传感器的检测灵敏度还待进一步提高。将具有多种形貌与优异性能的复杂微纳结构与传统生物传感器结合，也有助于开发出满足不同场景使用需求的新型器件。

本书根据作者多年从事微纳制造和生物传感的科研成果和工作经验，结合国内外原子层沉积技术及生物传感应用的最新研究进展撰写而成，既强调内容的逻辑性，又注重其前沿性，是先进技术与前沿应用的有机结合。全书共分 7 章，第 1 章和第 2 章主要介绍原子层沉积技术的基本原理、特点、系统和工作模式，然后聚焦于原子层沉积技术的拓展，包括对多金属源共馈原子层沉积和等离子体增强原子层沉积等新兴技术的探究；第3章介绍原子层沉积技术在摩擦、吸波、噪声和量子领域的应用；第4～7章介绍原子层沉积技术在生物传感领域的应用，具体分为表面增强拉曼散射传感器、电化学传感器、光电化学传感器和场效应管传感器。这些研究成果和理论对当前微纳加工和生物传感检测技术的发展具有积极推动作用，希望对相关领域的读者有所启发和借鉴。

目前，原子层沉积技术正在高速发展，应用领域也在不断丰富和拓展，书中难免存在不足之处，恳请广大读者批评指正。

为了方便读者阅读参考，本书插图经汇总整理，制作成二维码放于封底，有需要的读者可扫码查看。

著者

目 录

3 ALD 应用于表界面性能调控 44

4 ALD 应用于表面 增强拉曼散射调控 94

5 ALD 应用于电化学 生物传感器 119

6 ALD 应用于光电 化学生物传感器 139

7 ALD 应用于场效应管生物传感器 191

1

原子层沉积
（ALD）概述

　　原子层沉积（atomic layer deposition, ALD）是通过将气相前驱体脉冲交替通入反应室并在沉积基体表面发生化学吸附反应形成薄膜的一种沉积方法。它独特地适用于在复杂的三维表面上沉积均匀和共形的原子层厚度可控的薄膜[1,2]。ALD 技术的起源最早来自 20 世纪六七十年代苏联和芬兰的科学家的工作，但由于苏联科学家的研究工作是以俄文发表，并未被人熟知。芬兰 Suntola 博士在 20 世纪 70 年代设计并建造了第一个 ALD 系统，他们利用 Zn 和 S 前体制备了 ZnS 薄膜，创造性提出 "原子层外延（atomic layer epitaxy, ALE）方法"[3]。1990 年，Leskelä 首次采用 ALD 命名这种多晶和非晶薄膜的 ALE 沉积技术[4]，自此 ALD 逐渐取代 ALE 成为这种技术的命名。

　　基于独特的自限制表面化学反应机理，ALD 技术沉积薄膜具有良好的大面积均匀性、精确的薄膜厚度控制和三维共形性等特点，可实现在复杂形貌基底上的薄膜的均匀性和厚度的精确控制[5]。ALD 对衬底形状的无关性促进了其在高度不同的技术领域的使用，例如，动态随机存取存储器（DRAM）和金属氧化物半导体场效应晶体管（MOSFET）生产中的微电子，薄膜电致发光（EL）显示器（ALD 最古老的工业应用），催化，太阳能，微纳机电系统（M/NEMS），能源，纤维涂层——实际上几乎是纳米技术研究的任何领域。

1.1　原子层沉积技术原理

　　一般来说，一个完整的 ALD 循环通常包括两个半反应，共由四个步骤组成，如图 1.1 所示：第一反应气固反应，即第一反应物（反应物 A）的化学吸附反应，通常是金属反应物（步骤 1a）；吹扫或排出以除去未反应的前驱体和气态副产物（步骤 1b）；第二反应物（反应物 B）的第二气固反应，即化学吸附反应，通常是非金属反应物（步骤 2a）；并再次吹扫或抽放以除去未反应的前体和气态副产物（步骤 2b）。在每一个半反应中，前驱体与基底表面的活性位点自限制地进行化学反应，多余的前驱体被吹扫干净后进行下一个半反应过程，所以每个完整的 ALD 循环只能沉积一层原子。ALD 技术的自限制性反应使所制造的薄膜能实现单原子层级厚度精确控制，在复杂形貌基底上沉积薄膜的均匀性也能很好地被保持，因此，ALD 技术适合质量均匀、层数可控、大面积的薄膜制造[6,7]。

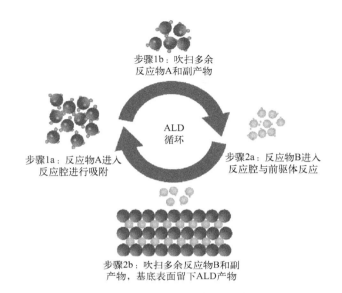

图 1.1　一个 ALD 循环中的机理插图

以图 1.2 所示的原子层沉积 Al_2O_3 过程对 ALD 工艺进行介绍[6]。如图 1.2 所示，采用三甲基铝（trimethyl aluminum，TMA）和水作为前驱体源制造氧化铝，过程主要分为四个步骤：将三甲基铝通入反应腔，使其通过羟基（—OH）化学吸附于基底上（半反应 A）；氮气将反应残余和副产物冲洗干净；通入水，使其与三甲基铝化学反应生成所需要的氧化铝（半反应 B）；氮气将反应残余和副产物冲洗干净。上述四个步骤构成一个完整的 ALD 循环，包含 A、B 两个半反应。

$$\text{A：} Al(CH_3)_3(g)+Al-OH*(s) \longrightarrow Al-O-Al(CH_3)_2*(s)+CH_4(g) \qquad （1.1）$$

$$\text{B：} H_2O(g)+Al(CH_3)*(s) \longrightarrow Al-OH*(s)+CH_4(g) \qquad （1.2）$$

其总反应为

$$2Al(CH_3)_3(g)+3H_2O(g) \longrightarrow Al_2O_3(s)+6CH_4(g) \qquad （1.3）$$

* 是指吸附在沉积表面的官能团。

以硫化钼为例说明典型的硫化物的 ALD 工艺[8]，如图 1.3 所示，采用 $MoCl_5$ 和 H_2S 作为 Mo 和 S 的前驱体，其 ALD 的一个循环过程也是包含四个步骤：$MoCl_5$ 脉冲—惰性气体吹扫 $MoCl_5$—H_2S 脉冲—惰性气体吹扫 H_2S。在生长过程中，相应的化学吸附和反应为[9,10]：

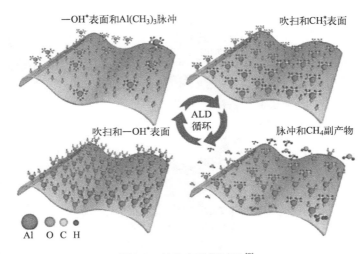

图 1.2　ALD 氧化铝过程[6]

A：$Mo—SH^* + MoCl_5 \longrightarrow Mo—S—MoCl_4^* + HCl$ （1.4）

B：$MoCl^* + H_2S \longrightarrow Mo-SH^* + HCl + S$ （1.5）

$MoCl_5$ 可以吸附在底物（半反应 A）上，也可以与 H_2S（半反应 B）发生自限反应。通过控制 ALD 工艺参数和循环次数，可以制备出厚度可控、覆盖均匀的 MoS_2 薄膜。

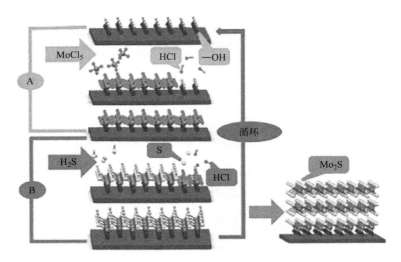

图 1.3　ALD 沉积 MoS_2 过程[8]

可以看出，ALD 的两个半反应是前驱体分子与表面进行自限反应，即单个原子层表面的活性位点被占用完毕后，反应将自动停止，这时，即使通入过量的前驱体，薄膜也不会再沉积，直到通入另外一个源进行反应，所以 ALD 技术可以很好地控制薄膜沉积厚度，理论上可以达到单原子层精度控制。

基于其自限制特性，ALD 技术不仅可以将薄膜沉积厚度达到原子层精确控制，在每个半反应过程中足够多的前驱体分子可以扩散到具有高纵横比的三维结构的深沟内部，直至与整个基底表面完全反应，随后的循环过程在高纵横比的基底结构表面进行薄膜均匀沉积[11,12]。图 1.4（a）展示了在沟槽结构硅片表面经过 ALD 技术沉积 300nmAl$_2$O$_3$ 的横断面扫描电子显微镜（SEM）图像[13]。利用 ALD 技术沉积 ZnO$_2$ 薄膜也可以在高纵横比的基底表面达到 100% 的薄膜覆盖率和良好的三维形貌共形性，其结果如图 1.4（b）、（c）的 TEM 图所示[14]。因此，控制 ALD 的循环次数，可以使沉积薄膜达到极佳的厚度控制、大范围均匀性和三维共形性。

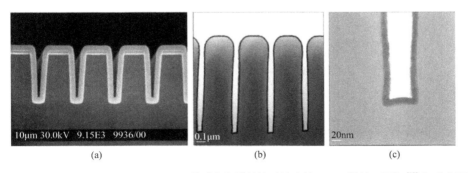

      （a）   （b）   （c）

图 1.4 厚度为 300 nm 的 Al$_2$O$_3$ ALD 薄膜在沟槽结构硅片上的 SEM 横截面图像[13]（a）以及在高纵横比的基底表面利用 ALD 沉积 ZnO$_2$ 薄膜的 TEM 图[14]（b、c）

此外，ALD 自吸附特性和良好的三维共形性，可以实现在受限的纳米空间内进行薄膜或纳米团簇沉积。利用纳米孔模板，本课题组实现了 MoS$_2$ 纳米管和 ReS$_2$/MoS$_2$ 异质结纳米管的精确构筑[15~17]。如图 1.5（a）~（c）所示，通过调节 ALD 的循环数，在 AAO 纳米孔内构筑了不同厚度的 MoS$_2$ 纳米薄膜[15]，而将 AAO 模板经过 NaOH 刻蚀去除后，可以得到 MoS$_2$ 纳米管[16]。采用本课题组优化的双金属源共馈 ALD 技术，可以在 AAO 模板内实现层内异质结构纳米管[17]，如图 1.5（d）、（e）为 ReS$_2$/MoS$_2$ 异质结纳米管的 TEM 图片。此外，山西煤化所的研究人员利用 ALD 技术将高度分散的金属或者氧化物直接沉积到多孔材料（包括沸石和介孔材料）中[18~20]，例如：利用 ALD，不仅可以将 Pt 纳米团簇沉积在 KL 沸石的微孔中，还可通过 ALD 精确控制其大小[19]。他们也通过模板辅助的方法利用 ALD 实现了异质界面在微小模板上的可控制备，例如：通过 ALD 在纤维素纳米晶（CNCs）表面制备 Pt 团簇，再继续生长 TiO₂ 薄膜层，将 CNCs 模板去除后再次 ALD 沉积 CoOₓ 层，制备出 CoOₓ/TiO₂/Pt 异质结构光催化剂，可用于高效光催化制氢[20]，其制备示意图如图 1.5（f）所示。

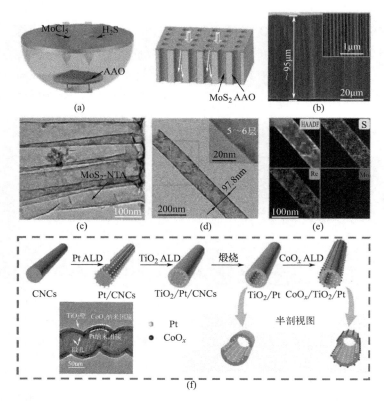

图 1.5　ALD 模板法制备 MoS₂ 纳米管示意图和 SEM 截面[15]（a、b）、去除 AAO 模板后的 MoS₂ 纳米管 TEM 图[16]（c）、ALD 制备的异质结构纳米管 TEM 图[17]（d、e）、ALD 制备 CoOₓ/TiO₂/Pt 异质结构的示意图，插入图为 CoOₓ/TiO₂/Pt 异质结构的 TEM 图[20]（f）

1.2　原子层沉积技术的特点

常见的薄膜沉积技术按照工艺原理不同可以分为物理气相沉积（PVD）、化学气相沉积（CVD）和 ALD 技术。其中，PVD 是利用物理方法在真空条件下将固态或液态的材料源进行气化成分子或电离成离子最终在基底表面沉积薄膜的过程；CVD 是通过加热、等离子或光辐射等方式使反应腔内的化学物质经过化学反应的方式形成固态沉积薄膜的技术。可以看出，ALD 作为一种特殊的薄膜沉积技术，与 PVD 和 CVD 技术相比具有明显的区别。自限制性的半反应特点使 ALD 具有优异的保形性、大面积均匀性和薄膜厚度精确可控等优点，因此在众多的薄膜沉积技术中脱颖而出。表 1.1 总结了 ALD 与 PVD、CVD 技术的特点对比[21,22]。

表 1.1　ALD 与 PVD、CVD 的特点对比

项目	PVD	CVD	ALD
生长模式	成核生长	成核生长	逐层生长
沉积速率	较高	较高	较低
沉积温度	中等	较高	较低
薄膜质量	化学配比一般；不够致密	良好的化学配比；相对致密	良好的化学配比；致密
薄膜厚度	工艺调控	工艺调控	循环次数精确控制

可以看出，相比之下，ALD 技术基于表面自限制、自饱和吸附反应，具有表面控制性，所制备薄膜具有优异的三维共形性、大面积的均匀性等特点，适应于复杂高深宽比衬底表面沉积制膜，同时还能保证精确的单层膜厚控制。但 ALD 也存在其自身局限性，就是其生长速率较慢，但由于微电子技术、亚微米芯片技术和微纳机电系统等技术的发展，器件与材料的尺寸不断减小，ALD 技术独特的自限制生长工艺由于其沉积参数的高度可控性（厚度、成分和结构）、优异的均匀性和保形性，使其在微纳电子和纳米材料等领域具有广泛的应用潜力。表 1.2 总结了由 ALD 技术特点带来的 ALD 技术应用的优势以及其局限性。

表 1.2　ALD 技术的优势和局限性

ALD 技术特点	ALD 技术优势	ALD 技术局限
自限制生长工艺	优异的三维共形性和大面积均匀性；精确的薄膜厚度控制；前驱体量无关性	低的生长速率；多余前驱体排除产生的经济性和环保性问题
半反应交替进行	高活性前驱体；前驱体半反应实现原子层组分控制；可实现界面修饰与多组分纳米叠层结构	需要开发合适的前驱体；半反应产物残留导致材料利用率低
ALD 温度窗口	良好的重复性；实现多层结构制备	三元或多元产物的温度窗口不确定；较低的结晶性

1.3　原子层沉积系统

　　ALD 沉积系统通常包括前驱体脉冲系统、加热反应系统、泵真空系统与控制系统四个部分，其中，半反应气相前驱体和清洗载气由脉冲控制系统进入腔体，前驱体与沉积基底进行反应，清洗载气将残余前驱体和反应副产物送入尾气处理系统中；加热反应系统由加热系统与反应前驱体组成，是气相前驱体与沉积基底发生反应实现在基底表面沉积薄膜的场所；泵真空系统主要由真空泵和尾气处理系统组成，负责清理残余前驱体和反应副产物，并经过尾气处理后无污染排放；控制系统主要负责 ALD 沉积工艺的脉冲参数与加热温度等。以传统热 ALD 为例，ALD 沉积系统可以被设计为如图 1.6 所示结构[23]。

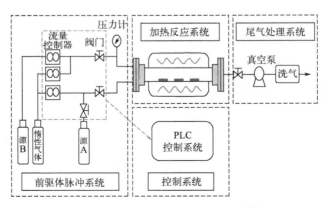

图 1.6　典型热 ALD 系统的示意图[23]

在 ALD 工艺中，前驱体经过不同的脉冲过程进入反应腔体中，并利用清洗过程将未反应的残余前驱体与反应副产物进行去除。根据不同工艺前驱体反应物与生长基底接触的模式，可以将 ALD 工作模式分为三种，包括横向流动式、垂直流动式和径向流动式。

1.3.1　横向流动式

横向流动式 ALD 的基本结构如图 1.7 所示[21]。在横向流动式 ALD 技术中，前驱体从反应室一端进入，经过在反应室中横向流动时与基底相互接触而产生吸附，此外，由于横向流动式反应室的体积较小，前驱体分子在反应室管道中会不断碰撞而增加前驱体分子与沉积基底接触的概率，从而增加了化学吸附的次数，提高了前驱体的利用效率。横向流动式 ALD 只需要很小的前驱体脉冲时间就可以达到自限制饱和吸附效果，有力地提高了生长能力，降低了沉积时间，研究表明，475ms 的 ALD 循环时间也足以在 12in（1in=2.54cm）的硅晶圆表面沉积 Al_2O_3 薄膜[24]。但是横向流动式 ALD 的反应室管道体积较小，一般只适用于在平面基底进行薄膜沉积，对三维尺度的基底的沉积效果并不理想。此外，横向流动式腔体对非理想化的 ALD 过程较敏感，如前驱体的自降解和副产物的再吸附，导致沉积薄膜的厚度不均匀。

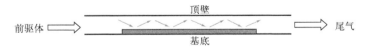

图 1.7　横向流动式 ALD 示意图[21]

1.3.2　垂直流动式

垂直流动式 ALD 的基本结构如图 1.8 所示[21]。在垂直流动式 ALD 技术中，前驱体从反应室顶部进入，在反应室底部与基底充分自吸附后排出，基于 ALD 的自限制性吸附，沉积的薄膜具有良好的均匀性。垂直流动式 ALD 的反应腔体需要在腔体顶部设置前驱体的喷淋装置，故而增加了反应室体积，也有利于在三

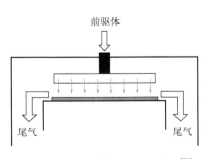

图 1.8　垂直流动式 ALD 示意图[21]

维基底表面进行薄膜沉积。但较大的体积降低了前驱体的利用率，也需要更长的脉冲时间和清洗时间。

1.3.3　径向流动式

径向流动式 ALD 与垂直流动式 ALD 的反应室结构相似，但在径向流动 ALD 技术中，前驱体的入口与沉积基底或者反应室腔体底部非常接近，其基本结构如图 1.9 所示[21]。通过设计合适的前驱体入口与基底间距，可以提高前驱体的利用率和缩短清洗时间。

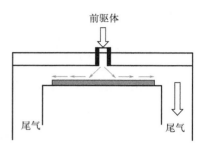

图 1.9　垂直流动式 ALD 示意图 [21]

1.4　原子层沉积材料

在以往的研究中，广泛的材料被 ALD 生长[25~31]。这些材料包括金属、绝缘体和半导体晶体和非晶相。此外，ALD 提供了大量可供选择的元素来创建所选材料。迄今为止，最常见的 ALD 生长材料类型是氧化物、氮化物、硫化物和纯元素，如表 1.3 所示[32~40]。尽管具有更复杂的 ALD 过程，但由于具有理想的材料特性，具有三种或更多元素的化合物最近也被用 ALD 方法制造出来，如 Y_2O_3/ZrO_2、Al_2O_3/TiO_2、ZnO/TiO_2、$CdTe/MgCdTe$、MoS_2/ReS_2、MoS_2/WS_2、WS_2/WSe_2 等异质结构薄膜[23,41~45]。

表 1.3　ALD 沉积的材料 [25~40]

纯元素	C, Al, Si, Ti, Fe, Co, Ni, Cu, Zn, Ga, Ge, Mo, Ru, Rh, Pd, Ag, Ta, W, Os, Ir, Pt
氧化物	Li, Be, B, Mg, Al, Si, P, Ca, Sc, Ti, V, Cr, Mn, Fe, Co, Ni, Cu, Zn, Ga, Ge, Sr, Y, Zr, Nb, Ru, Rh, Pd, In, Sn, Sb, Ba, La, Ce, Pr, Nd, Sm, Eu, Gd, Tb, Dy, Ho, Er, Tm, Yb, Lu, Hf, W, Ir, Pt, Pb, Bi
氮化物	B, Al, Si, Ti, Cu, Ga, Zr, Nb, Mo, In, Hf, Ta, W
硫化物	Ca, Ti, Mn, Cu, Zn, Sr, Y, Cd, In, Sn, Sb, Ba, La, W, Mo, Ta
其他化合物	Li, B, Mg, Al, Si, P, Ca, Ti, Cr, Mn, Co, Cu, Zn, Ga, Ge, As, Sr, Y, Cd, In, Sb, Te, Ba, La, Pr, Nd, Lu, Hf, Ta, W, Bi

　　虽然表 1.3 中所列材料种类繁多，但可以看出，目前尚不可能通过 ALD 生长所有材料。ALD 对材料可用性的主要限制是有效反应途径的有限选择。用 ALD 生长材料还受到活性 ALD 源选择和 ALD 反应过程的设计等限制。如前所述，在自我限制的生长状态下运行 ALD 过程是可取的。这就对反应物提出了一系列要求。首先，沉积所需材料的 ALD 源必须是可用的或合成的。在某些情况下，给定元素的可用反应物的选择非常有限或根本不存在。反应物应具有足够的挥发性，在室温或适度加热时都能处于气相。

　　此外，在气相中，前驱体应该保持稳定不分解，直到它们到达样品表面并与样品表面反应。表面反应最好是快速和不可逆的，以导致快速的生长饱和。反应物及其副产物在与表面发生反应后，不应溶解、腐蚀或以其他方式损坏衬底、生长膜或 ALD 反应器本身。如果反应物体积小，以避免由于位阻而减少表面覆盖也是可取的。最后，反应物的选择具有经济意义，因为有些反应物很昂贵，合成可能很耗时。没有完美的反应物，所以选择试剂通常需要在成本、可用性、安全性、挥发性和反应性之间进行权衡。

参考文献

[1]　Sherman A. Atomic layer deposition for Nanotechnology: An enabling process for nanotechnology fabrication. New York: Ivoryton Press, 2008.

[2]　Miikkulainen V, Leskelä M, Ritala M, et al. Crystallinity of inorganic films grown by atomic layer deposition: overview and general trends. Journal of Applied Physics, 2013,113(2): 021301.

[3]　Suntola T. Thirty years of ALD. In invited talk at AVS topical conference on layer deposition (ALD). Helsinki: University of Helsinki, 2004.

[4]　Leskelä M. Atomic layer epitaxy in the growth of polycrystalline and amorphous films. Acta Polytechnica Scandinavica-Chemical Technology Series. 1990, 195: 67-80.

[5]　Leskelä M, Ritala M. Atomic layer deposition chemistry: recent developments and future challenges. Angewandte Chemie International Edition, 2003,42(45): 5548-5554.

[6]　Huang M L, Chang Y C, Chang C H, et al. Surface passivation of III-V compound semiconductors using atomic-layer-deposition-grown Al_2O_3. Applied Physics Letters, 2005,87(25): 252104.

[7]　Ferguson J D, Weimer A W, George S M. Atomic layer deposition of Al_2O_3 films on

polyethylene particles. Chemistry of Materials, 2004,16(26): 5602−5609.

[8] Huang Y, Liu L. Recent progress in atomic layer deposition of molybdenum disulfide: a mini review. Science China Materials, 2019,62(7): 913−924.

[9] Tan L K, Liu B, Teng J H, et al. Atomic layer deposition of a MoS_2 film. Nanoscale, 2014,6(18): 10584−10588.

[10] Huang Y, Liu L, Zhao W, et al. Preparation and characterization of molybdenum disulfide films obtained by one−step atomic layer deposition method. Thin Solid Films, 2017,624: 101−105.

[11] Hakim L F, Blackson J, George S M, et al. Nanocoating individual silica nanoparticles by atomic layer deposition in a fluidized bed reactor. Chemical Vapor Deposition, 2005,11(10): 420−425.

[12] Mccormick J A, Cloutier B L, Weimer A W, et al. Rotary reactor for atomic layer deposition on large quantities of nanoparticles. Journal of Vacuum Science & Technology. A: Vacuum, Surfaces, and Films, 2007,25(1): 67−74.

[13] Parsons G N, Elam J W, George S M, et al. History of atomic layer deposition and its relationship with the american vacuum society. Journal of Vacuum Science & Technology. A: Vacuum, Surfaces, and Films, 2013,31(5): 050818.

[14] Sheng J, Lee J, Choi W, et al. Review article: atomic layer deposition for oxide semiconductor thin film transistors: advances in research and development. Journal of Vacuum Science & Technology. A: Vacuum, Surfaces, and Films, 2018: 36, 060801.

[15] Jiao S, Liu L, Wang J, et al. A novel biosensor based on molybdenum disulfide (MoS_2) modified porous anodic aluminum oxide nanochannels for ultrasensitive microRNA−155 detection. Small, 2020,16(28): 2001223.

[16] Jiao S, Kong M, Hu Z, et al. Pt atom on the wall of atomic layer deposition (ALD)−made MoS_2 nanotubes for efficient hydrogen evolution. Small, 2022,18(16): 2105129.

[17] Liu L, Kong M, Xing Y, et al. Atomic layer deposition−made MoS_2−ReS_2 nanotubes with cylindrical wall heterojunctions for ultrasensitive MiRNA−155 detection. ACS Applied Materials & Interfaces, 2022,14(8): 10081−10091.

[18] Gao Z, Qin Y. Design and properties of confined nanocatalysts by atomic layer deposition. Accounts of Chemical Research, 2017,50(9): 2309−2316.

[19] Xu D, Wu B, Ren P, et al. Controllable deposition of Pt nanoparticles into a KL zeolite by atomic layer deposition for highly efficient reforming of n−heptane to aromatics. Catalysis Science & Technology, 2017,7(6): 1342−1350.

[20] Zhang J, Yu Z, Gao Z, et al. Porous TiO_2 nanotubes with spatially separated platinum and CoO_x cocatalysts produced by atomic layer deposition for photocatalytic hydrogen production. Angewandte Chemie International Edition, 2017,56(3): 816−820.

[21] 李爱东. 原子层沉积技术——原理及其应用. 北京: 科学出版社, 2016.

[22] Chai Z, Liu Y, Lu X, et al. Reducing adhesion force by means of atomic layer deposition of ZnO films with nanoscale surface roughness. ACS Applied Materials & Interfaces, 2014,6(5): 3325−3330.

[23] Liu L, Ma K, Xu X, et al. MoS$_2$-ReS$_2$ heterojunctions from a bimetallic co-chamber feeding atomic layer deposition for ultrasensitive MiRNA-21 detection. ACS Applied Materials & Interfaces, 2020,12,29074-29084.

[24] Ritala M, Kukli K, Rahtu A, et al. Atomic layer deposition of oxide thin films with metal alkoxides as oxygen sources. Science, 2000,288(5464): 319-321.

[25] George S M. Atomic layer deposition: an overview. Chemical Reviews, 2010,110(1): 111-131.

[26] Puurunen R L. Surface chemistry of atomic layer deposition: a case study for the trimethylaluminum/water process. Journal of Applied Physics, 2005,97(12): 121301-121301.

[27] Miikkulainen V, Nilsen O, Li H, et al. Atomic layer deposited lithium aluminum oxide: (In) dependency of film properties from pulsing sequence. Journal of Vacuum Science &Tchnology. A: Vacuum, Surfaces, and Films, 2015,33(1): 021301.

[28] Kim H. Atomic layer deposition of metal and nitride thin films: current research efforts and applications for semiconductor device processing. Journal of Vacuum Science & Technology B: Microelectronics and Nanometer Structures, 2003, 21: 2231-2261.

[29] Leskelä M, Ritala M. Atomic layer deposition (ALD): from precursors to thin film structures. Thin Solid Films 2002: 409, 138-146.

[30] van Delft J A, Garcia-Alonso D, Kessels W M M. Atomic layer deposition for photovoltaics: applications and prospects for solar cell manufacturing. Semiconductor Science and Technology, 2012,27(7): 74002.

[31] Knisley T J, Kalutarage L C, Winter C H. Precursors and chemistry for the atomic layer deposition of metallic first row transition metal films. Coordination Chemistry Reviews, 2013,257(23-24): 3222-3231.

[32] Bakke J R, Pickrahn K L, Brennan T P, et al. Nanoengineering and interfacial engineering of photovoltaics by atomic layer deposition. Nanoscale, 2011,3(9): 3482-3508.

[33] Hämäläinen J, Sajavaara T, Puukilainen E, et al. Atomic layer deposition of osmium. Chemistry of Materials, 2012,24(1): 55-60.

[34] Yum J H, Akyol T, Lei M, et al. Atomic layer deposited beryllium oxide: Effective passivation layer for III-V metal/oxide/semiconductor devices. Journal of Applied Physics, 2011,109(6): 64101.

[35] Uusi-Esko K, Karppinen M. Extensive series of hexagonal and orthorhombic RMnO$_3$ (R = Y, La, Sm, Tb, Yb, Lu) thin films by atomic layer deposition. Chemistry of Materials, 2011,23(7): 1835-1840.

[36] Johnson R W, Hultqvist A, Bent S F. A brief review of atomic layer deposition: from fundamentals to applications. Materials Today, 2014,17(5): 236-246.

[37] Park H B, Cho M, Park J, et al. Comparison of HfO$_2$ films grown by atomic layer deposition using HfCl$_4$ and H$_2$O or O$_3$ as the oxidant. Journal of Applied Physics, 2003,94(5): 3641-3647.

[38] Pore V, Hatanpää T, Ritala M, et al. Atomic Layer Deposition of Metal Tellurides and Selenides Using Alkylsilyl Compounds of Tellurium and Selenium. Journal of the American Shemical

Society, 2009,131(10): 3478-3480.

[39] Yang J, Xing Y, Wu Z, et al. Ultrathin molybdenum disulfide (MoS$_2$) film obtained in atomic layer deposition: a mini-review. Science China. Technological Sciences, 2021,64(11): 2347-2359.

[40] Huang Y, Lv J, Zhang Y, et al. Atomic layer deposition (ALD)-constructed TaS(2) nanoflakes for cancer-related nucleolin detection. Nanotechnology, 2023,34(17): 175701.

[41] Sik Son K, Bae K, Woo Kim J, et al. Ion conduction in nanoscale yttria-stabilized zirconia fabricated by atomic layer deposition with various doping rates. Journal of Vacuum Science & Technology. A: Vacuum, Surfaces, and Films, 2013,31(1): 01A107-1-4.

[42] Seok T J, Liu Y, Choi J H, et al. In situ observation of two-dimensional electron gas creation at the interface of an atomic layer-deposited Al$_2$O$_3$/TiO$_2$ thin-film heterostructure. Chemistry of Materials, 2020,32(18): 7662-7669.

[43] Abbasi H N, Qi X, Gong J, et al. Passivation of CdTe/MgCdTe double heterostructure by dielectric thin films deposited using atomic layer deposition[J]. Journal of Applied Physics, 2023,134(13): 135304.

[44] Huang C, Wang H, Cao Y, et al. Facilitating uniform large-scale MoS$_2$, WS$_2$ monolayers, and their heterostructures through van der Waals epitaxy. ACS Applied Materials & Interfaces, 2022,14(37): 42365-42373.

[45] Xu H, Akbari M K, Kumar S, et al. Atomic layer deposition-state-of-the-art approach to nanoscale hetero-interfacial engineering of chemical sensors electrodes: a review. Sensors and Actuators B: Chemical, 2021,331: 129403.

2

原子层沉积
技术拓展

近 20 多年来，由于工业技术发展对 ALD 技术的不断促进，在传统的热 ALD 的基础上，已经开发出了多金属源共馈 ALD、等离子体增强 ALD（PEALD）、空间 ALD、电化学 ALD、流化床式 ALD、分子层沉积以及区域选择性 ALD 等技术。虽然不同 ALD 工艺技术都有着各自独特的工艺参数与应用特点，但是，万变不离其宗，其基本原理都是表面自限制反应。本章将重点介绍比较重要的多金属源共馈 ALD、PEALD、区域选择性 ALD 和流化床式 ALD，以及本课题组开发的多功能 ALD。

2.1　多金属源共馈 ALD

近年来，二维材料范德华异质结构具有优异的物理性能而引起研究者的广泛关注，而实现这些范德华异质结构的可控制备与薄膜性能调控仍然是需要解决的一大难题，目前主要通过转移法和两步 CVD 法合成，例如：通过两步 CVD 法合成横向 $WSe_2/MoSe_2$ 异质结构[1]，但剥离法、转移法和 CVD 法都存在一定的限制。ALD 技术在超薄膜的精确厚度和成分控制方面具有独特的优势，为异质结薄膜制造提供了一种新方案。

ALD 技术具有独特的自限制性半反应特点，交替脉冲的循环特点为制造不同组分的薄膜提供了新的思路。利用 ALD 技术依次沉积多种单组分材料可以得到厚度可控的垂直异质结构薄膜，而利用多种金属源前驱体的共同进料系统可以实现单层内混合成分的异质结构薄膜。为此，通过在前驱体脉冲系统中增加新的金属源，可以设计出多金属源共馈 ALD，用以沉积层内异质结薄膜和垂直异质结薄膜。

2.1.1　多金属源共馈 ALD 原理

多金属源共馈 ALD 的基本原理与传统热 ALD 技术的原理相似，但多金属源共馈 ALD 技术与传统单源热 ALD 相比，其金属源的半反应又有着明显区别。在多金属源共馈 ALD 技术的第一种模式中，第一个循环的半反应原理与单源热 ALD 一致，但第二个循环的半反应由新的金属源前驱体进行，如此往复循环可以在基底表面形成不同组分交替沉积的异质结薄膜，图 2.1（a）展示了本课题组以 $ReCl_5$ 和

MoCl$_5$ 为双金属源共同沉积交替组分的 ReS$_2$/MoS$_2$ 薄膜的原理图。在多金属源共馈 ALD 的第二种模式中，多种前驱体在第一个半反应中共同进入反应腔体中，而随后的半反应过程和传统单源热 ALD 一致，这样循环往复的沉积过程可以得到层内混合组分的异质结薄膜，图 2.1（b）展示了本课题组以 ReCl$_5$ 和 MoCl$_5$ 为双金属源进行超循环沉积层内异质结 ReS$_2$/MoS$_2$ 薄膜的原理图。

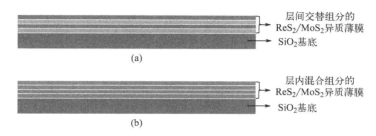

图 2.1　双金属源共馈 ALD 沉积垂直和层内 MoS$_2$/ReS$_2$ 异质结薄膜原理

2.1.2　多金属源共馈 ALD 系统

多金属源共馈 ALD 沉积系统主要包括反应腔体、气源管路系统、加热系统、控制系统和尾气处理系统等部分。与传统热 ALD 系统相比，多金属源共馈 ALD 通过在前驱体脉冲系统中增加新源路，可实现在同一反应腔体内沉积制备新型二维异质薄膜。图 2.2 展示了本课题组设计的双金属源共馈 ALD 系统示意图[2]。

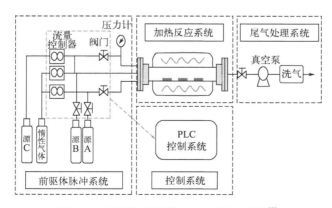

图 2.2　双金属源共馈热 ALD 系统示意图[2]

2.1.3 多金属源共馈 ALD 沉积异质结构

ALD 技术优异的大面积均匀性和厚度可控性，使其成为一种很有潜力的薄膜材料制造技术，而多金属源共馈 ALD 技术的出现，可以实现组分、结构可控的垂直异质结薄膜和层内异质结薄膜制造。本节以本课题组进行的双金属源共馈 ALD 在异质结薄膜沉积中的工作为例进行介绍。

（1）MoS_2/ReS_2 异质结薄膜

本课题组基于优化的双金属源共馈 ALD 平台实现了低缺陷、高结晶、层数可控和组成可调的 MoS_2/ReS_2 异质结薄膜材料的精准制造[1-3]。在硅片基底表面，在第一个半反应中将 $ReCl_5$ 和 $MoCl_5$ 共同输送至 ALD 腔体内与基底的活性位点发生自限制性吸附反应，随后使用 N_2 将未反应的 $ReCl_5$ 和 $MoCl_5$ 前驱体和反应副产物吹扫干净，在第二个半反应中，H_2S 脉冲进入腔体内与基底表面的活性位点相结合形成层内 MoS_2/ReS_2 异质结薄膜[3]。制备薄膜的透射电镜（TEM）与扫描电镜（SEM）的元素分析图谱表明，利用本课题组的双金属源共馈 ALD 技术可成功沉积得到 MoS_2/ReS_2 异质结薄膜，如图 2.3 所示。

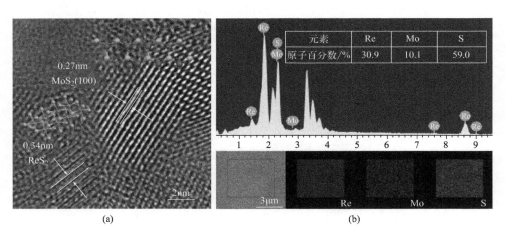

元素	Re	Mo	S
原子百分数/%	30.9	10.1	59.0

(a)　　　　　　　　　(b)

图 2.3 MoS_2/ReS_2 异质结薄膜 TEM 图（a）和 SEM 元素分析图（b）[3]

（2）MoS_2/ReS_2 异质结纳米管沉积

ALD 技术具有优异的三维共形性特点，可以实现在复杂的高纵横比的三维基底表面沉积均匀薄膜。相较于薄膜材料，纳米管材料可以表现出更高的比表面积和优秀的光电性能，利用 ALD 技术结合牺牲模板法可实现纳米管材料的精确制备[4,5]。除了异质结薄膜外，本课题组还开展了关于 MoS_2/ReS_2 异质结纳米管的沉积工作[6]。采用阳极氧化铝（AAO）作为牺牲模板，在双金属源共馈 ALD 系统中进行 MoS_2/ReS_2 异质结纳米管的沉积，随后使用 NaOH 处理去除 AAO 模板，得到独立的 MoS_2/ReS_2 异质结纳米管，其制备示意图和 ALD 循环原理图如图 2.4（a）、（b）所示。图 2.4（c）为制备的 MoS_2/ReS_2 异质结纳米管的 TEM 图片，可以看出，Mo、Re 和 S 元素均匀分布在 MoS_2/ReS_2 异质结纳米管表面，证明了 MoS_2/ReS_2 异质结纳米管的成功制备。

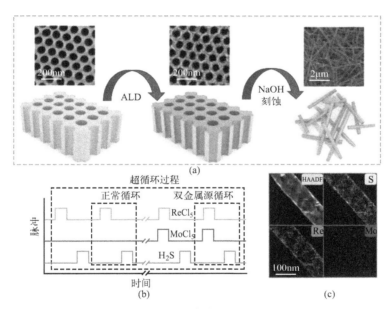

图 2.4 MoS_2/ReS_2 异质结纳米管制备示意图（a）、双金属源共馈 ALD 沉积 MoS_2/ReS_2 异质结纳米管的原理示意图（b）以及 MoS_2/ReS_2 异质结纳米管的 TEM 图（c）[6]

2.2 等离子体增强 ALD 技术

1991 年，荷兰科学家 de Keijser 和 van Opdorp 在利用三甲基镓（$GaMe_3$）和砷化氢（AsH_3）进行 ALD 沉积 GaAs 的过程中，首次将氢等离子体加入到 ALD 反应过程中[7]，但并未引发科学界对 PE-ALD 技术的进一步研究，直到原子层沉积技术在半导体行业中得到应用时才有所进展。在 21 世纪早期，IBM 研究人员把等离子体引入到 ALD 技术中成功制备了钽和钛等金属材料[8]。自此，PEALD 逐渐被广泛研究。

2.2.1 多金属源共馈 ALD 原理

与传统的热 ALD 技术相比较，PEALD 技术增强了前驱体的活性，是一种能量增强的 ALD 技术，其原理与传统的热 ALD 原理非常相似，只是步骤 2 中采用等离子体增强的具有更高活性的反应物代替传统的反应物。如图 2.5 所示，以沉积 Al_2O_3 为例来说明 PEALD 与传统热 ALD 的区别[9]。在步骤 1 中，两者均是 TMA 脉冲进入反应腔体中与沉积基底发生自吸附反应：

$$Al(CH_3)_3 (g)+Al\text{—}OH^*(s) \longrightarrow Al\text{–}O\text{–}Al(CH_3)_2^*(s)+CH_4(g) \qquad （2.1）$$

在步骤 2 中，两者均是使用惰性气体将多余的 TMA 前驱体和半反应副产物冲洗干净；

在步骤 3 中，热 ALD 向反应腔体通入水蒸气，发生如下反应：

$$H_2O(g)+Al(CH_3)^*(s) \longrightarrow Al\text{—}OH^*(s)+CH_4(g) \qquad （2.2）$$

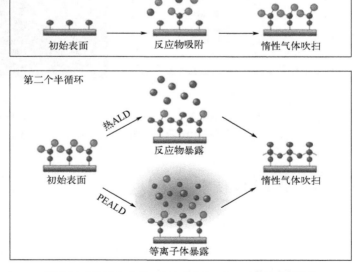

图 2.5　PEALD 与热 ALD 的沉积 Al_2O_3 原理对比图[9]

而 PEALD 则通入氧气等离子体，发生如下反应：

$$Al(CH_3)_3^*(s)+4O(g) \longrightarrow Al—OH^*(s)+CO_2(g)+H_2O(g) \tag{2.3}$$

在步骤 4 中，两者均是继续通过惰性气体清洗腔体内残余反应物和反应副产物。

可以看出，PEALD 与传统热 ALD 循环过程相类似，沉积结果又相同，但 PEALD 使用更高活性的等离子体反应物代替了普通的反应剂，可以表现出更多的优势。

2.2.2 等离子体增强 ALD 的特点

从 PEALD 的基本原理可以看出，PEALD 对于传统热 ALD 唯一的不同就是改变了与金属前驱体相互作用的前驱体，在这个过程中引入了高能量、高活性的等离子体，促进 ALD 薄膜的生长。表 2.1 总结了 PEALD 的特点与局限性[10]。

表 2.1 PEALD 的特点与局限性

特点	局限性
降低沉积温度；开发新前驱体、基底与新的薄膜种类；提高沉积速率；改善薄膜性能	三维共形性降低；存在副反应；辐射与高能粒子撞击损坏薄膜；设备复杂、成本增加

（1）降低沉积温度

前驱体在基底表面进行自限制性吸附，需要克服一定的能垒。传统热 ALD 通过加热前驱体粒子来提供这些能量，而 PEALD 的等离子体具有较高的活性，因此不需要很高的温度来提供化学活化能。此外，等离子体的动能、粒子在表面吸附所释放的能量以及等离子体的辐射都可以提供一定的能量。因此，PEALD 相较于传统热 ALD 具有较低的温度窗口，甚至可以低至室温[11~13]。PEALD 可以在低至室温温度下使用 TMA 和 O_2 等离子体进行低温沉积 Al_2O_3 薄膜[14]。低温沉积可用于涂覆热易碎的基材，比如聚合物[15]。

（2）开发新前驱体、基底与新的薄膜种类

等离子体反应剂具有更高的活性能量，可以与更多种类的前驱体发生反应，即使是热稳定性和化学稳定性都较好的前驱体也能进行反应，从而使 ALD 生长的前驱体选择范围变广。例如，PEALD 可以沉积一些热 ALD 难以生长的优质金属薄膜和金属氮化物薄膜，如 Ti、Ta、TaN 和 SiN$_x$ 等[16,17]。由于 PEALD 中的沉积温度较低，使得 PEALD 可以选择不耐高温的有机聚合物材料和生物材料等作为沉积基底生长薄膜，促使 ALD 技术能在柔性电子器件和生物医学领域具有良好的应用前景[18,19]。

（3）提高沉积速率

高活性的等离子体在 PEALD 过程中与沉积基底表面发生作用，增大了表面活性位点的密度，从而可以使更多的前驱体吸附到基底表面，因此 PEALD 中的薄膜沉积速率比传统热 ALD 要高[20]。使用四（二甲基氨基）铪（TDMAH）作为金属前驱体，水和氧气等离子体分别作为热 ALD 和 PEALD 中的反应剂进行热 ALD 和 PEALD 沉积 HfO$_2$，PEALD 与热 ALD 生长 HfO$_2$ 时的速率和沉积温度的关系曲线如图 2.6（a）所示，可以看出，PEALD 沉积 HfO$_2$ 薄膜的温度窗口为150 ~ 250℃，而热 ALD 的温度窗口为 200 ~ 250℃，再次证明了 PEALD 可以降低薄膜沉积温度。对比 PEALD 与热 ALD 中前驱体脉冲时间与沉积速率的关系[见图 2.6（b）]，可以看出，两种生长方式在脉冲时间大于 1s 时都表现出很好的饱和情况，沉积速率不随脉冲时间增加而增长。但是，PEALD 生长 HfO$_2$ 的速率（1.2Å/循环）要明显大于热 ALD（0.8Å / 循环）（1Å=0.1nm）[21]。

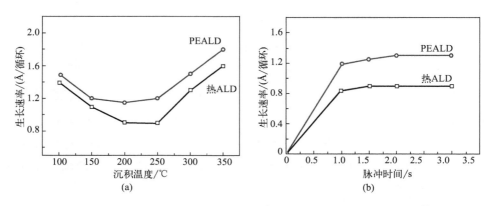

图 2.6 PEALD 和热 ALD 沉积 HfO$_2$ 的沉积温度（a）和沉积速率（b）[21]

（4）改善薄膜性能

利用 PEALD 生长的薄膜比热 ALD 生长的薄膜具有更加优异的性能，如较高的薄膜密度、低的杂质含量、优异的电学性能[22]。对用热 ALD 和 PEALD 生长的

La$_2$O$_3$进行电学性能对比如图 2.7 所示，用 PEALD 生长的 MOS 结构相比热 ALD 具有较大的积累态电容和较小的界面态密度[23]。性能的提高在很多情况下是得益于等离子体的高活性，可以和前驱体进行完全的化学反应，薄膜中杂质含量低。例如，以氯化物作为前驱体时，在热 ALD 中氯原子不能有效去除，使得薄膜中杂质含量较高，影响电学性能，而 PEALD 中高能量的氢等离子体能够较彻底地与氯反应，从而改善了性能。

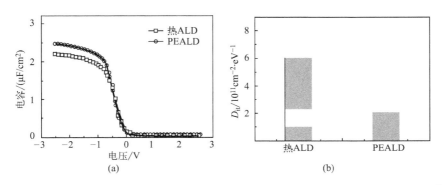

图 2.7　热 ALD 和 PEALD 沉积 La$_2$O$_3$ 的电容－电压关系曲线（a）及界面态密度（b）[23]

（5）局限性

等离子体是一把双刃剑，在引入高反应活性的同时，也会带来一些不良的后果，首当其冲的就是 PEALD 生长薄膜的三维共形性降低。当选用具有沟道或孔洞的高深宽比衬底和具有大比表面积的多孔材料时，众所周知，热 ALD 对该类衬底有着非常优异的三维共形性，然而 PEALD 在这方面的性能有所下降。因为前面已经提到，PEALD 的等离子体前驱体与热 ALD 中的前驱体的不同之处在于，等离子体除了能进行与表面吸附前驱体的化学吸附反应外，活性粒子还能在表面碰撞复合成惰性的中性分子。因此在高深宽比结构和多孔衬底上，活性粒子为了到达结构的底部，必须经历多次与衬底表面的碰撞，碰撞造成的复合急剧降低了活性粒子的浓度，因而到达底部的等离子体前驱体已没有足够的活性来进行化学反应，造成了三维共形性的降低。图 2.8 给出了在具有高深宽比结构的硅表面沉积金属 Co 的 SEM 图像。从图 2.8（a）中可以看出，热 ALD 有着良好的三维共形性，在表面、沟道壁和沟道底均长有均匀的薄膜，而 PEALD 仅在表面和沟道顶部生长出了 Co，沟道内并无 Co 薄膜的生成［见图 2.8（b）］[21]。

图 2.8 热 ALD 和 PEALD 在高纵横比的
Si 基底沉积 Co 薄膜的 SEM 图[21]

此外，具有高反应活性的等离子体会发生一系列的副反应，影响薄膜的生长，可以归纳为等离子体引发的损伤，主要有以下几类：①当基底接触到高反应活性阻挡层材料的等离子体时，会发生一些人们不太期望的副反应，比如表面的氧化和氮化[24,25]，比如在硅衬底上生长氧化物时会形成较厚的氧化硅界面层[26]。②高能粒子对衬底的撞击损伤。PEALD 中使用的等离子体会撞击基底表面而产生化学键的断裂、原子置换以及表面电荷累积，这会对基底表面造成一定的损伤[27]。③辐射损伤。等离子体的引入会引发一定的电磁辐射，可能会激发氧化物的电子跃迁，导致在薄膜中形成较多的缺陷。

最后，等离子体的引入使得设备构造变得复杂，成本明显增加。PEALD 在沉积过程中引入了等离子体，因此设备也需要增加等离子体发生装置，这无疑会使得沉积系统变得更复杂，成本也会有对应的增加。

2.2.3 等离子体增强 ALD 系统

按照等离子体引入 PEALD 中的方式进行分类，PEALD 系统主要包括自由基增强 ALD、直接 PEALD 和远程 PEALD 等。

（1）自由基增强 ALD

自由基增强 ALD 是在传统热 ALD 的基础上引入等离子发生器，基本结构如图 2.9 所示[10]。由于 ALD 反应室中存在着复杂的化学氛围，其会对等离子体发生器造成污染，因此需要将等离子体发生器安装在远离 ALD 反应室的位置。通过微波或其他方式产生等离子体，然后通过管路将等离子体传送到 ALD 反应室，与衬底表面吸附的前驱体发生反应。在等离子体经管路流向反应室的过程中，等离子体与管壁经历多次表面碰撞，造成离子与电子在表面重新复合成中性分子或原子，离子和电子的浓度迅速下降，最终到达反应室的气体已不是真正的等离子体，只是含有一定浓度自由基的中性气体，因此称为自由基增强原子层沉积[9]。

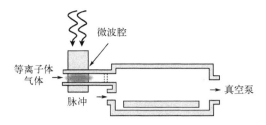

图 2.9　自由基增强 ALD 结构示意图[10]

（2）直接 PEALD

在直接 PEALD 中，位于反应腔体内部的沉积基底直接参与了等离子体的产生过程，这是直接 PEALD 最明显的特征。图 2.10 展示了一种典型的电容耦合式的直接 PEALD 反应腔体构造[10]，等离子体产生于两个电极之间，一个电极接射频信号，另一个电极接地，沉积基底位于接地的电极上。在直接 PEALD 中，在沉积基底的附近产生等离子体，不仅可以使到达沉积基底表面的等离子体自由基与离子的浓度很高，反应活性相对较高，还能在一定程

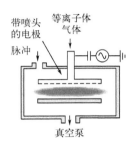

图 2.10　直接 PEALD 结构示意图[10]

度上保证沉积条件的一致性，较短的等离子体脉冲时间可使得沉积表面具有一致的活性粒子氛围，从而获得均匀的沉积薄膜。

（3）远程 PEALD

在远程 PEALD 中，等离子体是在进入反应腔体之前就已经产生，一般处于反应腔体的上方，位于腔体内部的衬底不会参与到等离子体的产生过程中，其基本结构如图 2.11 所示[10]。与自由基增强原子层沉积的不同之处在于，到达衬底表面的仍为等离子体，该结构中等离子体向下的流向使其中的离子和电子没有完全复合消失，仍具有一定的活性浓度[28]。远离沉积表面的等离子体源可以更好地控制等离子体成分。例如，在直接等离子体原子层沉积中，衬底的温度会影响其上方气体的压强，进而影响等离子体的成分，而在远程等离子体原子层沉积中就不会出现这种情况。此外，相比于直接等离子体原子层沉积，这种构造中的等离子体的能量要小很多，因而对衬底

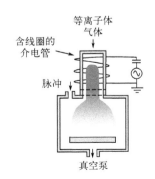

图 2.11　远程 PEALD 结构示意图[10]

的损伤也相对较小。

2.2.4 等离子体增强 ALD 沉积材料

等离子体的引入使 ALD 的反应物具有更高的活性，PEALD 不仅可以降低沉积温度，还可以拓宽反应物、基底以及沉积材料的种类，使其成为扩展 ALD 功能的常用方法。研究人员使用 PEALD 已经在更低的温度窗口下成功沉积了多种氧化物，例如，在室温下较短的循环时间内成功沉积了 Al_2O_3 和 TiO_2 等[29,30]。此外，人们也利用 PEALD 沉积到了传统热 ALD 难以沉积的新材料，例如：SiO_2 和 SiN_x[31,32]，以及几乎所有的其他氮化物（如 TiN 和 CoN 等）[33,34]。随着使用不同的等离子体气体，即 H_2S、SF_6 和 Me_3PO_4 的出现，现在也可以通过等离子体 ALD 沉积硫化物、氟化物和磷酸盐，如 Al_2S_3、AlF_3 和 $Al_3P_6O_{21}$ 等[35~37]。PEALD 也可以用来沉积常见的 HfO_2、MoS_2、WS_2 等[20,38,39]，PEALD 可以有效降低沉积温度和提高沉积速率以及薄膜质量[40]。

2.3 区域选择性 ALD

区域选择性 ALD 是指通过表面改性、ALD 工艺调控等手段，在具有多种不同特性的材料表面（图案化表面，patterning structure）的某一特定区域进行选择性地沉积所需要的材料，而在材料表面另外的区域不生长，从而实现选择性的沉积过程。区域选择性 ALD 可以减少器件制造中所需的图案化步骤的数量，还可用于避免图案覆盖问题，因此，区域选择性 ALD 沉积技术引起了人们很大的兴趣[41,42]。

2.3.1 多金属源共馈 ALD 原理

在区域选择性 ALD 中，ALD 的化学反应被选择和控制，使其发生在某些区域（生长表面），而不在其他区域（非生长表面），如图 2.12 所示。从本质上看，实现选择性沉积都是基于材料在两种不同表面的生长速率的差异。区域选择性 ALD 主要是控制 ALD 过程中反应物在基底生长区域能快速成核而另一部分不生长区域成核延迟或不成核[43]。因此，在区域选择性 ALD 的过程中，能否实现选择性沉积是取决于所使用的反应物、基底的表面处理工艺和 ALD 工艺。而区域选择性 ALD 沉积系统与之前描述的热 ALD 和 PEALD 系统大同小异，在此不再赘述。

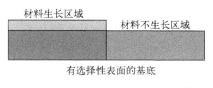

图 2.12　区域选择性 ALD 的原理[43]

2.3.2　区域选择性 ALD 分类

根据对区域选择性 ALD 所使用的反应物、基底表面处理工艺和 ALD 工艺，可以将区域选择性 ALD 分为以下几种：

（1）反应物吸附差异

ALD 过程与基底表面的活性位点的状态密切相关，通过前驱体在不同基底表面活性位点的吸附状态可以实现选择性沉积。例如，通过基底表面—OH 和—H 对金属反应物前驱体的吸附能力的差异实现选择性沉积。得克萨斯大学的研究人员分别在有—OH 和—H 活性位点的基底表面使用 $TiCl_4$、TMA 和 TDMA—Hf 三种前驱体进行 TiO_2、Al_2O_3 和 HfO_2 的沉积时，发现 TiO_2 的生长具有选择性，只在—OH 表面生长而不在—H 表面生长，如图 2.13 所示，XPS 信号表明，TiO_2 在这两种表面生长的差异明显[44]。华中科技大学的研究人员基于此原理开发了表面酸度诱导的 Ta_2O_5 选择性 ALD，通过使用乙氧基钽［$Ta(OEt)_5$］和 O_3 作为反应物，在超过 200 个 ALD 循环后，碱性 HfO_2 和 Al_2O_3 底物发生显著成核延迟，而在酸性底物上观察到线性生长，如图 2.14 所示[45]。除金属反应物之外，有些第二种反应物也会存在吸附差异而产生选择性沉积，例如，使用氧气或者臭氧作为第二种反应物，同时使用贵金属作为沉积基底，由于贵金属的表面容易吸附解离氧，而被解离的氧原子可以分解金属前驱体[46,47]，使得沉积材料在贵金属表面生长速度较快而氧化物上生长很缓慢，从而实现选择性生长。荷兰研究人员发现，在 Pt 的 ALD 沉积过程中，当氧气的分压约为 7.5mTorr（1Torr=133Pa）时，Pt 不能在 Al_2O_3 表面生长，而在 Pd 的表面则仍然具有线性生长的特性，速率约为 0.45Å/ 循环，根据这一工艺可以实现双金属核壳结构纳米颗粒的可控制备[48]。

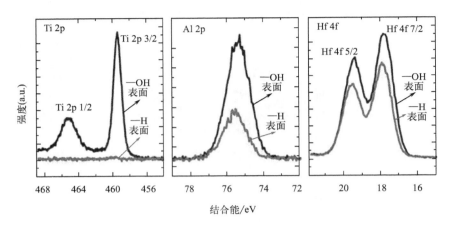

图 2.13　TiO₂、Al₂O₃ 和 HfO₂ 在不同表面沉积后的 XPS 测试[44]

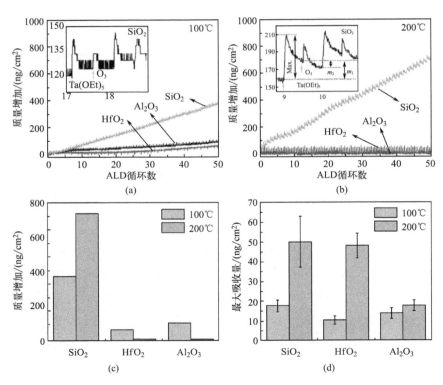

图 2.14　表面酸度诱导的相似材料表面的固有选择性原子层沉积[45]

（2）通过修饰基底实现选择性沉积

对基底表面进行修饰，可以在基底表面形成特定的基团，通过调控基底表面基团的种类、密度等实现对 ALD 过程的选择性沉积。例如，在 ALD 之前，采用自组装单分子层（SAMs）对基底表面进行处理而调控其化学性质，当 SAMs 的末端基团为甲基时，由于甲基表面一般不能吸附前驱体，由此可阻断大部分的 ALD 过程。华中科技大学研究人员提出，利用十八烷基三氯硅烷（ODTS）处理硅基底表面，形成针孔结构，由于 ODTS 的阻挡作用，后续的原子层沉积过程只能在具有活性位点的针孔结构中进行，利用这一原理成功制备出了 Pd/Pt 核壳结构纳米颗粒，如图 2.15 所示[49]。此外，研究人员也开发出等离子体调控基底表面实现选择性沉积的工艺。比利时鲁汶大学的研究人员利用 H_2 等离子体处理无定形碳表面，形成甲基阻断了后续的 ALD 过程，Ru 选择性地沉积在了 SiCN 表面[50]。

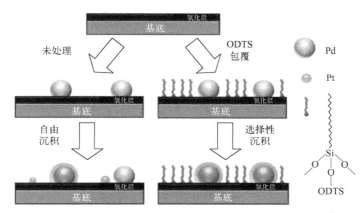

图 2.15 通过自组装单分子层修饰表面实现选择性原子层沉积[49]

（3）通过调控 ALD 工艺实现选择性沉积

通过调控 ALD 工艺，利用反应物前驱体的自刻蚀特性可以实现先吸附后刻蚀，从而使得材料在基底表面不能成核长大。例如，在 ALD 过程中，金属源反应物 $MoCl_5$ 具有强烈的自刻蚀效应，在 SiO_2 表面可以吸附表面前驱体 $MoCl_x^*$ 使其脱离表面，而 Al 表面更容易吸附，从而实现 MoS_2 在 Al 基底表面沉积的同时在 SiO_2 表面不沉积的效果，如图 2.16 所示[51]。此外，还可以在 ALD 过程中引入第三种物质作为阻断剂，将 ALD 传统的反应物 A- 反应物 B 转换为阻断剂 A- 反应物 B- 反应物 C 的新模式，阻断剂可以选择性地吸附在特定区域，阻断后续沉积过程，从而实现材料在未阻断区域的选择性生长。斯坦福大学的研究人员利用十二硫醇 (DDT) 作为阻断剂，在进行 Cu/SiO$_2$ 表面的 ZnO 沉积时，每隔一定的 ZnO ALD 循环次数，就向反应腔体内通入气态的 DDT，由于 DDT 选择性地吸附在 Cu 表面，抑制了后续的 ZnO 沉积，因此实现了 ZnO 在 SiO$_2$ 表面的选择性沉积。当不持续地通入 DDT 时，沉积的选择性随 ZnO 循环次数增加而降低，如图 2.17 所示[52]。此外，还可以通过调控 ALD 温度实现选择性沉积。中国科学技术大学的路军岭教授课题组，通过调节 ALD 反应温度，实现了 Pt/Pd、Pt/Ru 等多种核壳结构纳米颗粒的可控制备[53]。

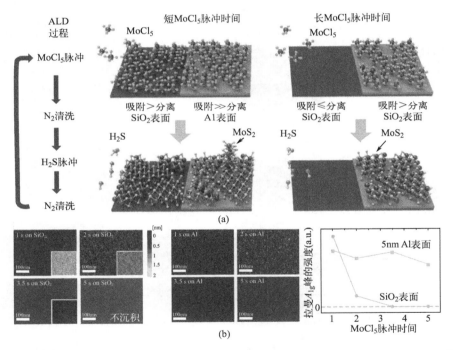

图 2.16 MoCl$_5$ 自刻蚀特性实现 MoS$_2$ 选择性地在 Al 表面沉积生长而在 SiO$_2$ 表面不生长[51]

针对粉末材料较大的比表面积且团聚现象严重，而前驱体在微纳米粉体颗粒表面很难完全进行饱和吸附，传统的原子层沉积方法效率低、处理量少且包覆不均匀。采用流化床或旋转床的方式可以实现 ALD 工艺过程中的粉末分散，使粉末材料在反应腔体内形成流化态，可以与前驱体充分接触反应，保证前驱体的有效利用，获得均匀保形的薄膜沉积效果[54]。

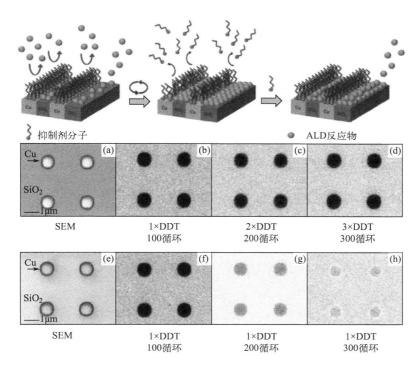

图 2.17　引入阻断剂 DDT，实现 ZnO 在 SiO$_2$ 表面的选择性沉积[52]

2.3.3　流化床式 ALD 原理

在流化床式 ALD 中，纳米颗粒被放置于流化床反应腔体中，载气通过流化床底部通入腔体中，载气气流的曳力使纳米颗粒在腔体中处于悬浮状态，在其自生重力作用下又存在向下运动的趋势，这种力的相互作用能够有效地克服颗粒间的范德华力，有利于抑制在反应过程中粉体出现严重的团聚现象。图 2.18 展示了流化床中纳米粒子受力的原理图[55]。载气的曳力和自生重力以及与腔体壁面之间碰撞的相互作用使得纳米颗粒在腔体中上下往复运动达到动态平衡，这样就可以使得前驱体源可以充分与纳米颗粒表面接触而吸附，从而实

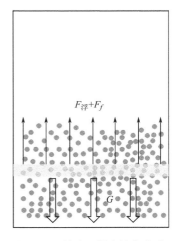

图 2.18　纳米颗粒在流化床式
ALD 反应腔体中受力原理图[55]

现了对纳米颗粒的均匀包覆，提高了 ALD 在纳米颗粒表面均匀保形的薄膜沉积效果。

2.3.4　流化床式 ALD 分类

ALD 技术在纳米颗粒表面沉积薄膜进行改性研究已经引起科学界的广泛关注，因此，针对纳米颗粒进行 ALD 沉积的设备也得到了不断的发展，以下介绍几种典型的流化床式 ALD 技术。

（1）静态泵式 ALD

静态泵式 ALD 是早期最常用来进行纳米颗粒表面沉积包覆改性的技术，其基本原理如图 2.19 所示[56]。静态泵式 ALD 系统与传统的 ALD 腔体相类似，但静态泵式 ALD 中，纳米颗粒通过刚玉或者不锈钢夹持器放置在真空腔体中，会存在一定厚度。前驱体气流和载气气流进入夹持器中扩散，实现对纳米颗粒的流化分散与吸附反应从而完成沉积过程。但这种技术只能适用于少量纳米颗粒表面沉积改性，因为当纳米颗粒含量增多后，上层的颗粒与前驱体的接触会明显减少导致沉积效果变差，另外，因为前驱体脉冲时间较短，存在着前驱体反应物分子无法与所有颗粒充分接触的问题，也会导致沉积效果变差。

图 2.19　静态泵式 ALD 基本原理图[56]

（2）垂直流化床式 ALD

与静态泵式 ALD 相比，垂直流化床式 ALD 的前驱体与载气从反应腔底部进入，残余前驱体和反应副产物从反应腔顶部排除，提高了前驱体的利用效率，使纳米颗粒能与前驱体充分接触而实现高质量均匀沉积的包覆改性效果。图 2.20 为垂直流化床式 ALD 的基本原理图[57]。代尔夫特理工大学的研究人员设计一种垂直流化床式 ALD 设备，并基于此设备实现了 SiO_2 纳米颗粒表面均匀沉积 TiN 薄膜的包覆改性[58]。

（3）离心流化床式 ALD

虽然垂直流化床式 ALD 可以实现对大量纳米颗粒的均匀包覆，但当纳米颗粒的比表面积非常大时，将需要更多的前驱体实现饱和自吸附反应，由于其下进上出的结构，前驱体与纳米颗粒的接触时间相对较短，当大量前驱体进入腔体后可能会有一部分前驱体未参与反应就直接被真空泵抽离腔体，因此导致前驱体的利用效率非常低[59]。为解决这一问题，研究人员提出将纳米颗粒的夹持器进行旋转分散纳米颗粒进行 ALD 沉积的技术[60]。图 2.21 展示了一种典型离心流化床式 ALD 结构[61]。华中科技大学的研究人员采用自主研发的离心流化床式 ALD 设备实现了在 SiO_2 和 CeO_2 纳米颗粒表面成功制备氧化铝薄膜，其基本原理如图 2.22 所示。将与步进

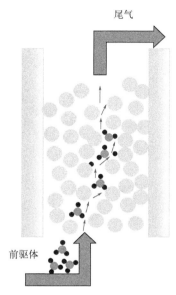

**图 2.20　垂直流化床式
ALD 原理图**

电机连接的粉末容器设置为双层不锈钢滤网，内层实现颗粒过滤，外层实现气流分配，通过步进电机调控旋转速度，通过气体流量调控流化速度。粉末容器在步进电

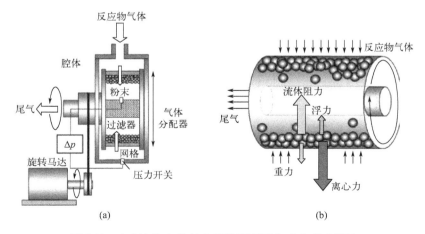

**图 2.21　离心流化床式 ALD 系统原理图（a）与粉末颗粒
在反应室中的受力分析图（b）**[61]

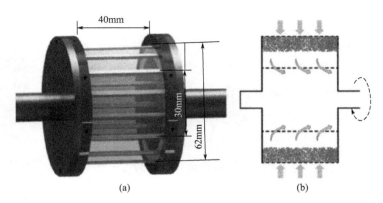

图 2.22 离心流化床式 ALD 三维模型图（a）与流化原理图（b）[62]

机的驱动下进行旋转，将内部的纳米颗粒均匀地分布在外层的气体分配器上，形成环状流化床，当前驱体和载气沿径向流入时，气体阻力和离心力相互作用，通过调节气体流速使纳米颗粒处于平衡稳定的状态。该设备增大了颗粒之间的孔隙率，有利于前驱体与颗粒表面的气固反应，提高前驱体的利用率，脉冲时长减少，并且可实现粉末颗粒的稳定流化和表面沉积[62]。

2.4 空间 ALD

在传统 ALD 技术中，不同前驱体交替进入反应室中，通过清洗步骤将不同 ALD 前驱体进行分离。而在空间 ALD 技术中，在基底的两个反应区分别进行 ALD 的两个半反应，而将 ALD 的清洗步骤省略掉[63]。典型的空间 ALD 技术如图 2.23 所示，利用不同空间位置将两个半反应区分开，既没有破坏传统 ALD 的工艺特点，又减少了清洗步骤，从而提高了薄膜沉积速率[64]。在空间 ALD 技术中，薄膜的沉积速率只由沉积基底或者前驱体喷嘴在两个半反应空间进行移动所需要的时间决定，而不再取决于单个循环所需时间的累计，空间 ALD 将薄膜沉积速率从循环累计所决定转移到了特定空间位移所需的动力学时间所决定，实现了前驱体的利用效率和经济性，也避免了反应室壁的寄生反应，在光伏产业和柔性电子器件领域表现出独特的应用前景。

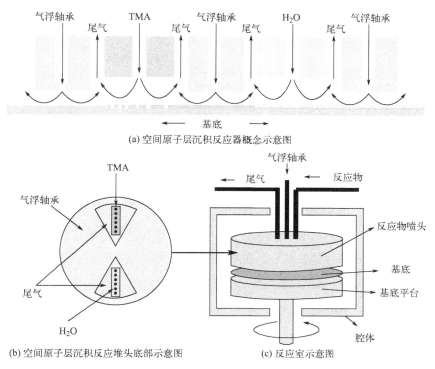

(a) 空间原子层沉积反应器概念示意图

(b) 空间原子层沉积反应堆头底部示意图

(c) 反应室示意图

图 2.23　空间 ALD 技术工艺示意图[64]

2.5　电化学 ALD

　　将 ALD 独特的表面自限制反应原理应用到电化学研究中，形成了具有交替脉冲的电化学表面自限制性反应，这就是电化学 ALD 技术。目前，最常用的电化学 ALD 技术是欠电位沉积，通过在一个循环中交替进行不同元素的欠电位沉积，可以在基底表面实现单层共形生长化合物半导体材料，通过欠电位沉积的循环数实现其厚度控制。目前，通过电化学 ALD 方法，已经成功制备了一系列的 II－VI 族、III－V 族和 IV－VI 族化合物半导体材料，如 HgTe、$Cd_xZn_{1-x}S$、$Cd_xZn_{1-x}Se$、CdS_xSe_{1-x} 等，通过优化前驱体溶液、沉积电位和时间也实现了超晶格材料的制备，如 PbSe/PbTe 等[65]。电化学 ALD 技术可以在室温、非真空条件下进行，是一种简单又经济的技术，而独立的沉积循环过程有利于沉积工艺，如电位、前驱体溶液浓度、pH 值、沉积时间等参数的调整。

2.6 多功能 ALD

基于 ALD 的基本原理，结合 CVD 技术的优势，根据本课题组已有 ALD 和 CVD 薄膜制造经验，本课题组研发了一套集宽温域、多线路、高真空、可涓流引入的多源同腔 ALD-CVD 多功能系统，实现二维（异质）薄膜的结构性能一体化设计与可控制造，其原理如图 2.24 所示。多功能 ALD 系统包括反应腔体系统、气源管路系统、加热系统、等离子体射频系统、控制系统和尾气处理系统等部分，各系统间密封连接。其中，反应腔体系统包括数显真空计、反应腔体和加热丝，加热丝固定安装在反应腔体样品台内部，实现 ALD 低温沉积、CVD 二次反应和高温原位退火的功能，反应腔体接数显真空计，待沉积基底样品置于反应腔体中进行二维（异质）薄膜沉积生长，反应腔体是由石英玻璃制造，耐高温达到 1200℃；气源管路系统包括 4 条管路，由 3 种金属源和 1 种非金属源反应物为前驱体源，以 N_2 为载气和净化气体，气动阀 V1、V2、V3 和 V4 用于控制前驱体源脉冲时间和流量，前驱体源和载气 N_2 经涓流分散喷头进入反应腔室；加热系统由金属源瓶加热设备和反应腔加热设备组成，可以将金属源和沉积基底加热到所需要的温度；等离子体射频系统采用直接等离子体 PEALD 系统的原理，使用直接等离子对非金属源反应物进行活化，提高其能量；控制系统由 PLC 控制系统集成，可以在一个操作屏幕中实现整个系统的自动化运行，包括真空泵开关、加热系统升温/降温、前驱体脉冲系统阀门开启/关闭以及整个系统的启动与停止功能；尾气处理系统由真空泵和尾气清洗装置组成，主要负责将 ALD 过程中未反应的前驱体源和反应产生的副产物从反应腔体中去除并输送至洗气系统清洗后排入大气。基于 ALD 的原理，多功能 ALD 系统通过有限次数逐层进行生长，分别获得大面积、预期层数的二维薄膜或组分可调的二维异质结薄膜；然后进行 CVD 二次反应，改善 ALD 反应获得薄膜及异质结的"富 M 缺硫（M 为二维薄膜的金属元素）"状态，同时高温下进行退火处理，实现大面积、高结晶度、层数可控的二维薄膜以及组分可调的异质结的制造。

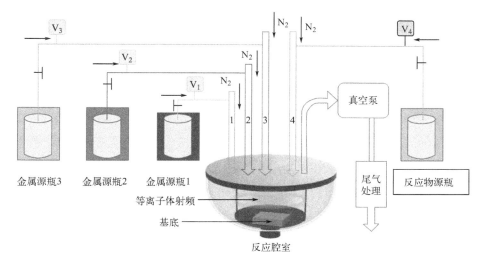

图 2.24　多源功能 ALD 系统的原理图

　　基于以上原理，本课题组设计开发了一套多功能 ALD 系统，可以实现宽温域、多线路、高真空、等离子体辅助、前驱体源涓流引入反应腔的 ALD 技术，也可以实现同腔原位 CVD 二次反应和高温原位退火后处理，以提高沉积薄膜的质量，其设备如图 2.25 所示。下面以使用本系统制备 MoS_2、ReS_2 薄膜或 MoS_2/ReS_2 异质结薄膜为例来说明其技术方案。

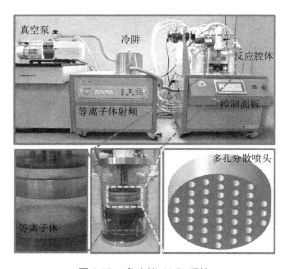

图 2.25　多功能 ALD 系统

利用本设备进行层数可控 MoS_2、ReS_2 薄膜或 MoS_2/ReS_2 异质结薄膜的流程如下：沉积基底样品置于反应腔体中，将金属源 $MoCl_5$ 或 $ReCl_5$ 或 MoS_2/ReS_2 和腔室加热到预设温度，并稳定一段时间。通过自动化程序设置 ALD 金属源前驱体脉冲控制阀门使其能被输送至反应腔体内，密闭反应腔体并保压一段时间，使 $MoCl_5$ 或 $ReCl_5$ 或 MoS_2/ReS_2 充分饱和吸附于基底表面，然后重新连通反应腔体，载气 N_2 将残余 $MoCl_5$ 或 $ReCl_5$ 或 MoS_2/ReS_2 和反应副产物送入尾气处理系统；通过自动化程序设置 ALD 反应物脉冲控制阀门，使其能被输送至反应腔体内，同时开启等离子体射频功能，H_2S 脉冲被送入反应腔体后关闭阀门，等离子体射频使 H_2S 变为活性更高的 -SH、—H 等等离子体，密闭反应腔体并保压一段时间，使 H_2S 等离子体充分饱和吸附在基底的活性位点中，并与 $MoCl_5$ 或 $ReCl_5$ 或 MoS_2/ReS_2 反应生成 MoS_2、ReS_2 薄膜或 MoS_2/ReS_2 异质结薄膜，最后再次连通反应腔体，载气 N_2 将残余 H_2S 和反应副产物送入尾气处理系统。上述生长过程构成一个 ALD 循环，通过控制该循环的次数，可以获得面积大、质量均匀、层数符合预期的 MoS_2 或 ReS_2 或 MoS_2/ReS_2 异质结薄膜。

利用本设备进行 CVD 二次反应和高温退火提高薄膜质量的流程如下：在薄膜生长完成后，进行同腔原位 CVD 二次反应和高温原位退火后处理，以改善薄膜的"富钼缺硫"和"富铼缺硫"的状态及提高其结晶度。以低温 ALD 制备完成的 MoS_2、ReS_2 薄膜或 MoS_2/ReS_2 异质结薄膜进行原位退火处理为例：将反应腔体通入 H_2S，并将其加热到 700 ～ 1000℃，H_2S 将与 ALD 生长的薄膜中的 MoO_x（或 ReO_x）发生 CVD 反应，生成 MoS_2、ReS_2 薄膜或 MoS_2/ReS_2 异质结薄膜，改变其"富钼缺硫"（或"富铼缺硫"）状态，提高 S/Mo（或 S/Re）化学计量比。与此同时，高温下，薄膜经历退火过程，薄膜中的 C、O 等杂质元素得到去除，并提高 MoS_2、ReS_2 薄膜或 MoS_2/ReS_2 异质结薄膜的结晶度。最后得到大面积、高结晶度、层数可控的 MoS_2、ReS_2 薄膜或 MoS_2/ReS_2 异质结薄膜。目前，基于本课题组开发的多源同腔 PEALD-CVD 系统已经成功实现二维 MoS_2、ReS_2、WS_2 薄膜及其异质结构薄膜的可控制造。

参考文献

[1] Lv J, Yang J, Jiao S, et al. Ultrathin quasibinary heterojunctioned ReS_2/MoS_2 film with controlled adhesion from a bimetallic Co-Feeding atomic layer deposition. ACS Applied Materials & Interfaces, 2020,12(38): 43311-43319.

[2] 马克坚. 基于 ALD 的 MoS_2-ReS_2 可控异质结制备及其生物传感检测研究. 南京: 东南大学, 2021.

[3] Liu L, Ma K, Xu X, et al. MoS_2-ReS_2 Heterojunctions from a bimetallic Co-chamber feeding atomic layer deposition for ultrasensitive MiRNA-21 detection. ACS Applied Materials & Interfaces, 2020,12(26): 29074-29084.

[4] Oh S, Altug H, Jin X, et al. Nanophotonic biosensors harnessing van der Waals materials. Nature Communications, 2021,12(1): 3824.

[5] Qin J, Wang C, Zhen L, et al. Van der Waals heterostructures with one-dimensional atomic crystals. Progress in Materials Science, 2021,122: 100856.

[6] Liu L, Kong M, Xing Y, et al. Atomic layer deposition-made MoS_2-ReS_2 nanotubes with cylindrical wall heterojunctions for ultrasensitive MiRNA-155 detection. ACS Applied Materials & Interfaces, 2022,14(8): 10081-10091.

[7] de Keijser M, van Opdorp C. Atomic layer epitaxy of gallium arsenide with the use of atomic hydrogen. Applied Physics Letters, 1991,58(11): 1187-1189.

[8] Rossnagel S M, Sherman A, Turner F. Plasma-enhanced atomic layer deposition of Ta and Ti for interconnect diffusion barriers. Journal of Vacuum Science & Technology. B: Microelectronics and Nanometer Structures, Processing, Measurement, and Phenomena, 2000,18(4): 2016-2020.

[9] Profijt H B, Potts S E, van de Sanden M C M, et al. Plasma-Assisted atomic layer deposition: basics, opportunities, and challenges. Journal of Vacuum Science & Technology. A: Vacuum, Surfaces, and Films, 2011,29(5): 050801.

[10] 李爱东. 原子层沉积技术——原理及其应用. 北京: 科学出版社, 2016.

[11] Jeong H Y, Kim Y I, Lee J Y, et al. A low-temperature-grown TiO_2-based device for the flexible stacked RRAM application. Nanotechnology, 2010,21(11): 115203.

[12] Ozgit C, Donmez I, Alevli M, et al. Self-limiting low-temperature growth of crystalline AlN thin films by plasma-enhanced atomic layer deposition. Thin Solid Films, 2012,520(7): 2750-2755.

[13] Zhang J, Yang H, Zhang Q, et al. Bipolar resistive switching characteristics of low temperature grown ZnO thin films by plasma-enhanced atomic layer deposition. Applied Physics Letters, 2013,102(1): 012113.

[14] Heil S B S, Kudlacek P, Langereis E, et al. In situ reaction mechanism studies of plasma-

assisted atomic layer deposition of Al_2O_3. Applied Physics Letters, 2006,89(13): 131505.

[15]   Langereis E, Creatore M, Heil S B S, et al. Plasma–assisted atomic layer deposition of Al_2O_3 moisture permeation barriers on polymers. Applied Physics Letters, 2006,89(8): 081915.

[16]   Kim H, Cabral C, Lavoie C, et al. Diffusion barrier properties of transition metal thin films grown by plasma–enhanced atomic–layer deposition. Journal of Vacuum Science & Technology. B: Microelectronics and Nanometer Structures, Processing, Measurement, and Phenomena, 2002,20(4): 1321–1326.

[17]   Kim H, Rossnagel S M. Plasma–enhanced atomic layer deposition of tantalum thin films: the growth and film properties. Thin Solid Films, 2003,441(1–2): 311–316.

[18]   Carcia P F, Mclean R S, Groner M D, et al. Gas diffusion ultrabarriers on polymer substrates using Al_2O_3 atomic layer deposition and SiN plasma–enhanced chemical vapor deposition. Journal of Applied Physics, 2009,106(2): 023533.

[19]   Ozgit–Akgun C, Kayaci F, Vempati S, et al. Fabrication of flexible polymer–GaN coreshell nanofibers by the combination of electrospinning and hollow cathode plasma–assisted atomic layer deposition. Journal of Materials Chemistry. C: Materials for Optical and Electronic Devices, 2015,3(20): 5199–5206.

[20]   Xie Q, Musschoot J, Deduytsche D, et al. Growth kinetics and crystallization behavior of TiO_2 films prepared by plasma enhanced atomic layer deposition. Journal of the Electrochemical Society, 2008,155(9): H688–H692.

[21]   Kim H. Characteristics and applications of plasma enhanced–atomic layer deposition. Thin Solid Films, 2011,519(20): 6639–6644.

[22]   Kwon O, Kwon S, Park H, et al. PEALD of a ruthenium adhesion layer for copper interconnects. Journal of the Electrochemical Society, 2004,151(12): C753–C756.

[23]   Kim W, Maeng W J, Moon K, et al. Growth characteristics and electrical properties of La_2O_3 gate oxides grown by thermal and plasma–enhanced atomic layer deposition. Thin Solid Films, 2010,519(1): 362–366.

[24]   Choi J, Kim S, Kang H, et al. Effects of N_2 RPN on the structural and electrical characteristics of remote plasma atomic layer–deposited HfO_2 Films. Electrochemical and Solid–State Letters, 2006,9(3): F13–F15.

[25]   Kim S, Kwon S, Jeong S, et al. Improvement of copper diffusion barrier properties of Tantalum nitride films by incorporating ruthenium using PEALD. Journal of the Electrochemical Society, 2008,155(11): H885.

[26]   Ha S, Choi E, Kim S, et al. Influence of oxidant source on the property of atomic layer deposited Al_2O_3 on hydrogen–terminated Si substrate. Thin Solid Films, 2005,476(2): 252–257.

[27]   Kim J, Kim S, Jeon H, et al. Characteristics of HfO_2 thin films grown by plasma atomic layer deposition. Applied Physics Letters, 2005,87(5): 053108.

[28]   Heil S B S, Langereis E, Roozeboom F, et al. Low–Temperature deposition of TiN by plasma–

assisted atomic layer deposition. Journal of the Electrochemical Society, 2006,153(11): G956-G965.

[29] Potts S E, Profijt H B, Roelofs R, et al. Room-temperature ALD of metal Oxide thin films by energy-enhanced ALD. Chemical Vapor Deposition, 2013,19(4-6): 125-133.

[30] Strobel A, Schnabel H, Reinhold U, et al. Room temperature plasma enhanced atomic layer deposition for TiO$_2$ and WO$_3$ films. Journal of Vacuum Science & Technology. A: Vacuum, Surfaces, and Films, 2016,34(1): 01A118.

[31] Dingemans G, van Helvoirt C A A, Pierreux D, et al. Plasma-assisted ALD for the conformal deposition of SiO$_2$: process, material and electronic propertie. Journal of the Electrochemical Society, 2012,159(3): H277-H285.

[32] Jang W, Kim H, Kweon Y, et al. Remote plasma atomic layer deposition of silicon nitride with bis(dimethylaminomethyl-silyl)trimethylsilyl amine and N$_2$ plasma for gate spacer. Journal of Vacuum Science & Technology. A: Vacuum, Surfaces, and Films, 2018,36(3): 031514.

[33] Kim Y J, Lim D, Han H H, et al. The effects of process temperature on the work function modulation of ALD HfO$_2$ MOS device with plasma enhanced ALD TiN metal gate using TDMAT precursor. Microelectronic Engineering, 2017,178: 284-288.

[34] Fan Q, Sang L, Jiang D, et al. Plasma enhanced atomic layer deposition of cobalt nitride with cobalt amidinate. Journal of Vacuum Science & Technology. A: Vacuum, Surfaces, and Films, 2019,37(1): 010904.

[35] Kuhs J, Hens Z, Detavernier C. Plasma enhanced atomic layer deposition of aluminum sulfide thin films. Journal of Vacuum Science & Technology. A: Vacuum, Surfaces, and Films, 2018,36(1): 01A113.

[36] Vos M F J, Knoops H C M, Synowicki R A, et al. Atomic layer deposition of aluminum fluoride using Al(CH$_3$)$_3$ and SF$_6$ plasma. Applied Physics Letters, 2017,111(11): 113105.

[37] Dobbelaere T, Roy A K, Vereecken P, et al. Atomic layer deposition of aluminum phosphate based on the plasma polymerization of trimethyl phosphate. Chemistry of Materials, 2014,26(23): 6863-6871.

[38] Jang Y, Yeo S, Lee H, et al. Wafer-scale, conformal and direct growth of MoS$_2$ thin films by atomic layer deposition. Applied Surface Science, 2016,365: 160-165.

[39] Groven B, Heyne M, Nalin Mehta A, et al. Plasma-enhanced atomic layer deposition of two-dimensional WS$_2$ from WF$_6$, H$_2$ Plasma, and H$_2$S. Chemistry of Materials, 2017,29(7): 2927-2938.

[40] Keller B D, Bertuch A, Provine J, et al. Process control of atomic layer deposition molybdenum oxide nucleation and sulfidation to large-area MoS$_2$ monolayers. Chemistry of Materials, 2017,29(5): 2024-2032.

[41] Mackus A J, Bol A A, Kessels W M. The use of atomic layer deposition in advanced nanopatterning. Nanoscale, 2014,6(19): 10941-10960.

[42] Mackus A J M, Merkx M J M, Kessels W M M. From the bottom-up: toward area-selective

atomic layer deposition with high selectivity. Chemistry of Materials, 2019,31(1): 2-12.

[43]   Zhang J, Li Y, Cao K, et al. Advances in atomic layer deposition. Nanomanufacturing and Metrology, 2022,5(3): 191-208.

[44]   Longo R C, Mcdonnell S, Dick D, et al. Selectivity of metal oxide atomic layer deposition on hydrogen terminated and oxidized Si(001)-(2×1) surface. Journal of Vacuum Science & Technology. B: Microelectronics and Nanometer Structures, Processing, Measurement, and Phenomena, 2014,32(3): 03D112.

[45]   Li Y, Lan Y, Cao K, et al. Surface acidity-induced inherently selective atomic layer deposition of tantalum oxide on dielectrics. Chemistry of Materials, 2022,34(20): 9013-9022.

[46]   Mackus A J M, Weber M J, Thissen N F W, et al. Atomic layer deposition of Pd and Pt nanoparticles for catalysis: on the mechanisms of nanoparticle formation. Nanotechnology, 2016,27(3): 34001.

[47]   Mackus A J M, Leick N, Baker L, et al. Catalytic combustion and dehydrogenation reactions during atomic layer deposition of platinum. Chemistry of Materials, 2012,24(10): 1752-1761.

[48]   Weber M J, Mackus A J M, Verheijen M A, et al. Supported core/shell bimetallic nanoparticles synthesis by atomic layer deposition. Chemistry of Materials, 2012,24(15): 2973-2977.

[49]   Cao K, Zhu Q, Shan B, et al. Controlled synthesis of Pd/Pt core shell nanoparticles using area-selective atomic layer deposition. Scientific Reports, 2015,5,8470.

[50]   Zyulkov I, Krishtab M, De Gendt S, et al. Selective Ru ALD as a catalyst for sub-seven-nanometer bottom-up metal interconnects. ACS Applied Materials & Interfaces, 2017,9(36): 31031-31041.

[51]   Ahn W, Lee H, Kim H, et al. Area-selective atomic layer deposition of MoS$_2$ using simultaneous deposition and etching characteristics of MoCl$_5$. Physica status solidi. PSS-RRL. Rapid Research Letters, 2021,15(2): 2000533.

[52]   Hashemi F S M, Bent S F. Sequential regeneration of self-assembled monolayers for highly selective atomic layer deposition. Advanced Materials Interfaces, 2016,3(21) :1600464.

[53]   Lu J, Low K, Lei Y, et al. Toward atomically-precise synthesis of supported bimetallic nanoparticles using atomic layer deposition. Nature Communications, 2014,5(1): 3264.

[54]   张晶 . 基于超声振动的微纳米粉体原子层沉积装备研究与应用 . 武汉 : 华中科技大学 , 2020.

[55]   竹鹏辉 . 粉体原子层沉积系统设计及纳米铝粉表面钝化研究 . 武汉 : 华中科技大学 , 2017.

[56]   Musschoot J, Xie Q, Deduytsche D, et al. Atomic layer deposition of titanium nitride from TDMAT precursor. Microelectronic Engineering, 2009,86(1): 72-77.

[57]   Didden A, Hillebrand P, Wollgarten M, et al. Deposition of conductive TiN shells on SiO$_2$ nanoparticles with a fluidized bed ALD reactor. Journal of Nanoparticle Research: An Interdisciplinary Forum for Nanoscale Science and Technology, 2016,18(2): 35.

[58]   Didden A P, Middelkoop J, Besling W F A, et al. Fluidized-bed atomic layer deposition reactor for the synthesis of core-shell nanoparticles. Review of Scientific Instruments, 2014,85(1): 013905.

[59] Mccormick J A, Cloutier B L, Weimer A W, et al. Rotary reactor for atomic layer deposition on large quantities of nanoparticles. Journal of Vacuum Science & Technology. A: Vacuum, Surfaces, and Films, 2007,25(1): 67-74.

[60] Mccormick J A, Rice K P, Paul D F, et al. Analysis of Al_2O_3 atomic layer deposition on ZrO_2 nanoparticles in a rotary reactor. Chemical Vapor Deposition, 2007,13(9): 491-498.

[61] Nakamura H, Watano S. Fundamental particle fluidization behavior and handling of nano-particles in a rotating fluidized bed. Powder Technology, 2008,183(3): 324-332.

[62] Duan C, Liu X, Shan B, et al. Fluidized bed coupled rotary reactor for nanoparticles coating via atomic layer deposition. Review of Scientific Instruments, 2015,86(7): 075101.

[63] Longrie D, Deduytsche D, Detavernier C. Reactor concepts for atomic layer deposition on agitated particles: a review. Journal of Vacuum Science & Technology. A: Vacuum, Surfaces, and Films, 2014,32(1): 010802.

[64] Poodt P, Lankhorst A, Roozeboom F, et al. High-speed spatial atomic-layer deposition of aluminum oxide layers for solar cell passivation. Advanced Materials, 2010,22(32): 3564-3567.

[65] Venkatasamy V, Jayaraju N, Cox S M, et al. Deposition of HgTe by electrochemical atomic layer epitaxy (EC-ALE). Journal of Electroanalytical Chemistry, 2006,589(2): 195-202.

3

ALD 应用于
表界面性能调控

　　材料的表面与界面性能在如今的材料与传感器应用研究中起着非常重要的作用。例如力传感器的传感精度、检测限、响应时间以及稳定性，都与其力敏界面的性能密切相关，在力敏界面中引入表界面微观结构可以改变其输出信号的变化率，提高传感器的检测性能[1]；在纳米吸波材料中通过设计成分与结构可调的异质界面，可以实现最大化界面效应，从而实现更高效的电磁相应特性[2]；在生物检测传感器中，活性材料的表界面作为换能器核心单元，其表界面性能与传感器性能密不可分[3]；催化和光催化效率更是与材料的表界面性质息息相关[4]。可以看出，实现材料的表界面调控是提高传感性能的重要手段。从 ALD 的原理可知，ALD 技术由于其独特的自限制反应特点，可以在不同材料、形态和尺寸的基底表面形成大面积均匀、优良的保形性的纳米级薄膜，使其成为纳米技术领域研究的强有力工具，特别适用于纳米材料的表面结构制备与表界面修饰[5,6]。ALD 技术可以在任意形状的三维基底上生长均匀、共形以及厚度可控的薄膜的优异特点，使它在传感器件活性材料的表面 / 界面工程构筑中有着广泛的应用前景[7~9]。本章主要以 ALD 沉积 MoS_2 为例介绍 ALD 技术在纳米力学、纳米材料电磁波吸收与屏蔽特性、纳米孔信噪比调控以及量子传感的表界面调控中应用。

3.1　ALD 应用于微纳表界面性能调控概述

　　传感器是一种检测装置，能感受到被测量的信息，并能将感受到的信息，按一定规律变换成为电信号或其他所需形式的信息输出，以满足信息的传输、处理、存储、显示、记录和控制等要求。伴随着技术集成化趋势，传感器也逐渐向微小型化发展，已经被广泛应用于各种场景，而蓬勃发展的纳米技术为传感器的高精度和小型化发展注入了强劲动力。纳米技术不仅为传感器提供了性能更优良的敏感材料，还可以使纳米传感器具有更小的体积和更敏感的响应速度，可以实现更高的精度和灵敏度。纳米级敏感材料作为纳米传感器的核心单元，可以在其表面进行信号识别与传导，包括分子识别、电子迁移率、能量交换和信号传导等均与其密切相关，这些信号识别与传导又对传感器性能（例如灵敏度、检测限、稳定性和响应动力学）甚至起着决定性作用[1]。然而，大多数信号识别与传导都是在敏感元件表面界面发生，因此敏感单元的表界面结构调控是提高传感器性能的主要手段之一[10]。

　　表界面构筑方式多种多样，如何通过精确构筑界面优化材料的性能，是进行材料表界面调控性能的核心问题。传统的制备和后处理方法难以实现界面结构的精准调控，从而使材料的表界面活性受到了严重的限制[4,11]，例如液相法很难精确控制沉积层厚度而获得均匀且致密的薄膜涂层，且液相法在使用前还需要进行颗粒的干燥与分离[12]；CVD 法则是更倾向于在纳米材料表面形成非均匀、颗粒结构不连续的沉积层，而为了形成致密的沉积层，CVD 法只能通过沉积超过所需厚度的涂层来实现[13,14]。可以看出，传统的表界面制备方法不能对纳米材料进行表界面精确修饰，此外，两种方法还都容易产生团聚现象而影响表界面性能。

　　自限制性生长的 ALD 的技术特性，使其能在复杂的、微小的、受限空间的基底材料表面生长均匀、共形以及厚度可控的薄膜，特别适用于对微纳结构与微纳表界面进行表面修饰改性和界面调控等工作[6]。微纳机电系统的关键部件由于机械传动或执行运动过程中的界面磨损会严重影响其正常运动，且由于部件结构和功能的复杂化使得解决其纳米力学问题愈发重要，利用 ALD 技术可以实现在复杂的三维结构表面实现均匀的薄膜精确制造[15,16]，改善其纳米力学性能以提高微纳机电系统的零部件的耐磨减摩特性和延长其使用寿命，例如：本课题组通过 ALD 技术沉积不同厚度、不同生长模式和不同形貌的 MoS_2 薄膜实现了减摩特性研究[17~19]。此外，ALD 技术可用于在复杂的微观表面构筑异质结薄膜实现对活性材料的表界面性能调控，如：本课题组通过优化 ALD 工艺提出在三维复杂气凝胶表面构筑具有优异保形性 MoS_2 异质界面来进行材料的电磁性能调控[19,20]。另外，利用 ALD 技术可实现异质界面的可控构筑，从而进行界面电荷转移调控而优化材料的量子光学特性，例如：本课题组使用 ALD 技术使二维 MoS_2 薄膜直接生长在金刚石表面，改善了 MoS_2 薄膜与金刚石的界面接触而优化界面电荷转移，实现金刚石 NV 色心量子荧光共振能量转移调控[21]。还有，利用 ALD 技术可以在催化剂表面构筑新的界面结构进行催化性能的调控，例如，山西煤化所和华中科技大学的研究人员分别采用 ALD 技术进行原子级别组分、结构可控的催化剂界面发展高效催化剂的新方法[4,11] 等。总之，ALD 技术能够沉积各种材料（无机金属氧化物、金属、过渡金属硫化物等）的原子级精确保形层，为研究纳米级薄膜的性能与调控技术提供了有用的工具，再加上后功能化和其他工艺创新的潜力，可以使 ALD 技术在多个领域扩展纳米级薄膜材料的应用和潜力。

3.2 ALD 应用于表面摩擦性能调控

目前，人们更关注于薄膜的声学、光学和电学性能，对薄膜的摩擦特性研究较少。而随着器件结构和功能的复杂化，器件中的摩擦学问题日益凸显，如何提高耐磨减摩特性以延长器件的使用寿命开始受到关注。研究发现，物体表面的微细形貌深刻影响和改变着物体表面的摩擦性能，这就促使人们利用各种加工手段在物体表面进行微细造型，改变表面状况以达到所需要的表面摩擦性能。一种优秀的固体润滑材料，应具备以下两个条件：该材料内具有剪切强度低的良好滑移面；该材料应能牢固吸附于基底表面上。二硫化钼、石墨等层状材料由于特殊的结构，均能满足第一个条件；ALD 制造二硫化钼的实现，由于特殊的自限制化学反应机理，能将二硫化钼牢固吸附于底材表面，使其满足了第二个条件。MoS_2 作为一种典型过渡金属硫化物，相邻层间的相互作用是范德瓦尔斯力，这种低层间相互作用赋予其低层间剪切强度，使其层间滑动时具有较小的摩擦力。同时，钼原子和硫原子由共价键连接形成的稳定六边形网格结构抗压强度高，可以承受较大载荷。这些特殊的结构可以保证 MoS_2 作为表面润滑保护涂层使用。因此，本小节以 ALD 沉积 MoS_2 薄膜为例，将重点介绍 ALD 沉积调控薄膜厚度、微结构和形貌对 MoS_2 薄膜表面摩擦性能的调控，探究获得最优表面摩擦性能的最佳条件，并分析其相关机理，总结出一定的规律。

3.2.1 调控薄膜厚度

本小节将从 ALD 沉积得到的体态和单少层 MoS_2 薄膜的摩擦测量、摩擦性能和摩擦机理三方面来阐述 ALD 沉积 MoS_2 薄膜厚度用于表面摩擦性能的调控。

（1）摩擦测量

一般情况下，利用原子力显微镜（AFM）测量摩擦力的过程如图 3.1 所示，将样品放置在压电扫描器上，压电扫描器带动样品上下移动，改变针尖施加在样品上的载荷，压电扫描器带动样品左右移动，可以改变测量区域和摩擦过程中的相对滑动速度，在摩擦力测量过程中，样品沿垂直于悬臂的 y 方向滑动，受摩擦阻力作用，悬臂发生扭转变形，变形量被激光探测器捕捉到，并在四象限光电探测器上量化为电信号，电信号经过放大处理可以用来测量样品的摩擦力大小。

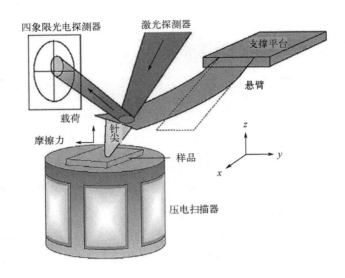

图 3.1　AFM 测量摩擦力示意图

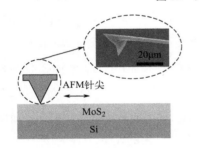

图 3.2　二硫化钼薄膜摩擦
性能测量示意图

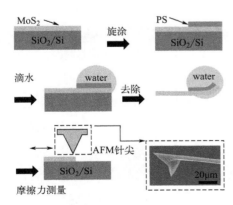

图 3.3　单少层二硫化钼薄膜摩擦样品制
造示意图

　　具体而言，二硫化钼薄膜摩擦测量的过程如图 3.2 所示，采用硅探针对裸硅基底和二硫化钼薄膜的表面进行摩擦力测量。此外，采用原子力显微镜的力－位移模式，对薄膜表面的黏附力进行测量。

　　对于单少层 MoS_2 薄膜的摩擦测量，为了同时观察二氧化硅基底的摩擦性能，需要将连续的 MoS_2 薄膜打断，在台阶处同时扫描 MoS_2 薄膜和二氧化硅基底的摩擦性能。如图 3.3 所示，采用表面能辅助方法制造相应的台阶[22]。在制造的 MoS_2 薄膜台阶处，用 AFM 的接触模式研究所制造的二硫化钼薄膜的摩擦性能。

（2）摩擦性能

　　首先在硅基底上制造 20 个 ALD 循环的体态 MoS_2 薄膜，图 3.4 是裸硅和二硫化钼薄膜的 AFM 图像，裸 Si 和 MoS_2 薄膜的表面粗糙度（RMS）值分别为 0.48nm 和 0.72nm。如图 3.4（b）所示，均匀致密的薄膜由纳米 MoS$_2$ 晶粒组成。

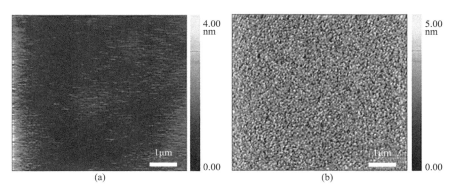

图 3.4 裸硅和二硫化钼薄膜 AFM 图像

如图 3.5 所示，在不同载荷下，MoS$_2$ 薄膜可以有效减少摩擦力 30%～45%。裸硅和 MoS$_2$ 薄膜的摩擦系数分别是 0.028 和 0.013，相对于硅基底，MoS$_2$ 薄膜的摩擦系数减小了 43.63%，说明 ALD 制造的 MoS$_2$ 薄膜具有优异的润滑减摩性能。

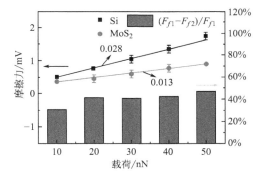

图 3.5 不同载荷下裸硅和二硫化钼薄膜摩擦力测量图

在 AFM 针尖滑动过程中，摩擦力分为两部分，一部分与针尖施加的载荷有关，另一部分与针尖和样品表面的黏附力有关。如图 3.6 所示，分别为裸硅和二硫化钼薄膜的黏附力。从图中可以看出，随着载荷的增加，Si 和 MoS$_2$ 薄膜的表面黏附力几乎都保持不变。另外，二硫化钼薄膜表面的黏附力明显低于硅表面的黏附力，这表明在黏附力引起的摩擦力中，MoS$_2$ 薄膜的比硅的小。如图 3.6 所示，MoS$_2$ 薄

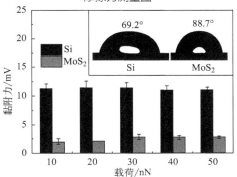

图 3.6 不同载荷下裸硅和二硫化钼薄膜黏附力测量图

膜表面水接触角为 88.7°，硅表面的水接触角为 69.2°，所以 MoS$_2$ 薄膜表面的毛细力小于硅表面的毛细力。因此，二硫化钼薄膜表面较小的毛细力也能起到润滑减摩作用。这些结果表明，ALD 制造的体态 MoS$_2$ 薄膜作为润滑保护涂层具有巨大的应用潜力。

当 MoS$_2$ 变为超薄的单少层时，其摩擦性能将变得不稳定，这严重阻碍了相关的应用。将机械剥离的单少层 MoS$_2$ 置于氧化硅基底上，通过纳米摩擦试验发现，由于褶皱效应，摩擦力随着 MoS$_2$ 层数增加而逐渐减小，并且褶皱效应随着滑动速度的增加而增加[17]。但是，增强薄膜与基底之间的相互作用可以有效抑制这种褶皱效应[23-26]。因此，当 MoS$_2$ 薄膜的厚度减为超薄的单少层时，MoS$_2$ 的层数、其与基底之间的界面和滑动速度等影响薄膜摩擦性能的因素需要关注。

① 层数对摩擦性能的影响　分别对 3 个和 5 个循环的单少层 MoS$_2$ 薄膜的摩擦性能进行测量，结果如图 3.7（a）~（c）和（d）~（f）所示，可以清楚看到，氧化硅基底表面覆盖 MoS$_2$ 薄膜的地方具有较低的摩擦力。

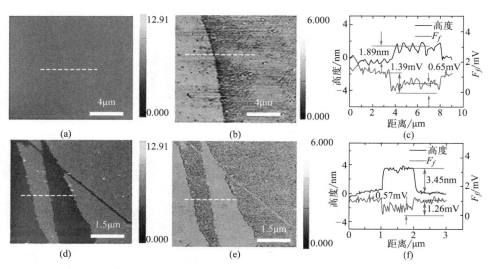

图 3.7　3 个和 5 个循环二硫化钼薄膜的摩擦性能图

在图 3.7（c）中，当扫描距离小于 3.5μm 时，针尖在氧化硅基底表面滑动，摩擦力保持在 1.39mV；在随后的扫描中，当高度上升到 1.89nm，针尖在 3 个循环 MoS$_2$ 薄膜表面扫描时，摩擦力立即下降到 0.65mV；当扫描距离超过 8μm 时，针尖重新在氧化硅基底上滑动，摩擦力又上升到 1.39mV。摩擦力的变化趋势表明，3

个 ALD 循环制造的 MoS₂ 薄膜能有效地降低摩擦阻力 53.2%。类似地，图 3.7（f）的测试表明，5 个 ALD 循环制造的 MoS₂ 薄膜能有效地降低 54.7% 摩擦阻力。通过进一步实验发现，当循环次数大于 3 时，相对于氧化硅基底，二硫化钼薄膜能有效地降低 40% ~ 54% 摩擦力，并且 5 个和 10 个循环次数的薄膜摩擦力几乎不变。

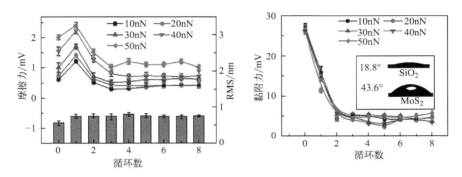

图 3.8　表面摩擦力和黏附力随循环次数变化图

在不同载荷下，利用不同循环次数制造的 MoS₂ 薄膜的表面摩擦力和黏附力如图 3.8 所示。其中 0 个循环次数表示裸氧化硅基底，随着循环次数的增加，摩擦力先增大后减小。不同循环次数的 MoS₂ 薄膜表面粗糙度基本相同，略高于裸氧化硅基底。

针尖在 MoS₂ 薄膜上滑动时，摩擦力可以表示为 $F_f = F_a + F_l$，F_f 为总摩擦力，F_a 代表针尖与 MoS₂ 薄膜之间黏附力导致的摩擦力，F_l 代表与针尖施加载荷有关的摩擦力。在不同载荷下，黏附力随循环次数的变化规律是图中裸氧化硅和 2 个循环次数的 MoS₂ 薄膜的水接触角。当循环次数增加到 2 时，黏附力急剧下降，之后随着 NC 的增加保持稳定。MoS₂ 薄膜的水接触角为 43.6°，大于氧化硅的 18.8°，表明 MoS₂ 薄膜的毛细力小于氧化硅的。因此，与黏附力有关的二硫化钼摩擦力 F_a 较低，主要是由于其毛细力较小引起的。

但是，1 个循环的 MoS₂ 薄膜的总摩擦力 F_f 大于裸氧化硅的，摩擦力 F_a 的减小不足以抵消摩擦力 F_l 的增加。当循环次数从 1 增加到 2 时，MoS₂ 薄膜的总摩擦力 F_f 减小到小于氧化硅的，说明摩擦力 F_a 的减小占主导，可以抵消由粗糙度的增大引起的摩擦力 F_l 的增加。然而，随着循环次数从 2 增加到 3，黏着力保持不变，MoS₂ 薄膜的总摩擦力 F_f 仍然在减小，表明摩擦力 F_l 开始减小，在总摩擦力中起主导作用。当循环次数从 3 增加到 4 时，在 10nN、20nN 和 30nN 载荷下，摩擦力几乎不变，但在 40nN 载荷下仍降低，因此，可以预测，随着载荷的增大，参与的层间滑移界面数进一步增大，摩擦力随着循环次数增加而减小的趋势仍将继续。然而，当施加的载荷增加到 50nN 时，针尖滑动将变得不稳定。研究表明，毛细力和层间界面滑移是影响 ALD 制造的 MoS_2 摩擦性能的重要因素。

② 扫描速度对摩擦性能的影响　在氧化硅基底上，利用 AFM 不同速度扫描 5 个循环的二硫化钼薄膜，提取台阶处的高度曲线和摩擦力曲线如图 3.9（a）所示。当扫描速度从 9.8μm/s 增加到 98.1μm/s，MoS_2 薄膜的摩擦力从 0.62mV 增加到 2.78mV，但是，摩擦力并不总是随着扫描速度增加而增加。摩擦力随扫描速度的变化规律如图 3.9（b）所示，当扫描速度从 9.8μm/s 增加到 42.2μm/s，摩擦力从 0.62mV 迅速增加到 2.78mV，在扫描速度继续增加到 98.1μm/s 的过程中，摩擦力趋于稳定，扫描速度继续增加时，摩擦力出现下降趋势，后趋于稳定，这与针尖接触区域的热量变化有关。

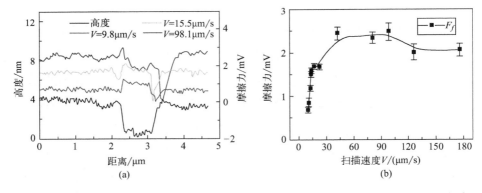

图 3.9　台阶处的高度曲线和摩擦力曲线图（a）以及摩擦力随扫描速度的变化规律图（b）

③ 摩擦机理　如图 3.10 所示，由于 MoS_2 层间滑移面的存在，当 AFM 针尖在 MoS_2 表面滑动时，受到外力作用，MoS_2 层间界面将发生滑动。用 TEM 观察 MoS_2 薄膜的层间滑移面结构。将制造的 MoS_2 薄膜从硅基底上剥离掉，并转移到用于 TEM 观察的铜网上，如图 3.11（a）所示，可以观察到明显的 MoS_2 层状结构。TEM 断面图如图 3.11（b）所示，MoS_2 的（002）晶面间距为 0.65nm。MoS_2 薄膜的层间界面滑移发生在该晶面上。

另外，当 AFM 针尖在 MoS_2 表面滑动时，针尖相对于 MoS_2 晶粒尺寸的大小，也将影响其摩擦性能。高分辨率 TEM 观察 MoS_2 晶粒尺寸大小，如图 3.11（c）所示，直接观察到两个方向不同的晶粒 A（15.1nm）和晶粒 B（9.1nm），说明所制造的单个 MoS₂ 晶粒尺寸，在（002）晶面内，为 9～15nm。

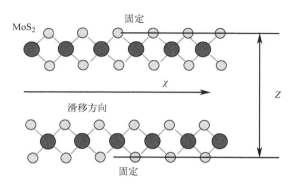

图 3.10　MoS₂ 层间滑动示意图

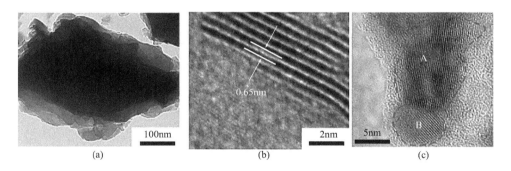

图 3.11　二硫化钼薄膜 TEM 图

ALD 沉积的 MoS₂ 薄膜 XRD 图谱如图 3.12 所示，可以发现只有一个位于 14.2° 的 MoS₂（002）晶面的衍射峰，表明 2H-MoS₂ 薄膜是高度取向的，（002）可以平行于硅基底制造。

根据 XRD 和 TEM 的研究结果表明，MoS₂ 晶粒尺寸大小为 9～15nm，（002）晶面平行于基底，说明在摩擦测量过程中，针尖是在纳晶 MoS₂（002）晶面滑动的。针尖直径 20nm，大于 MoS₂ 晶粒尺寸，所以，在针尖滑动过程中，MoS₂ 不易变形，具有稳定的摩擦性能。

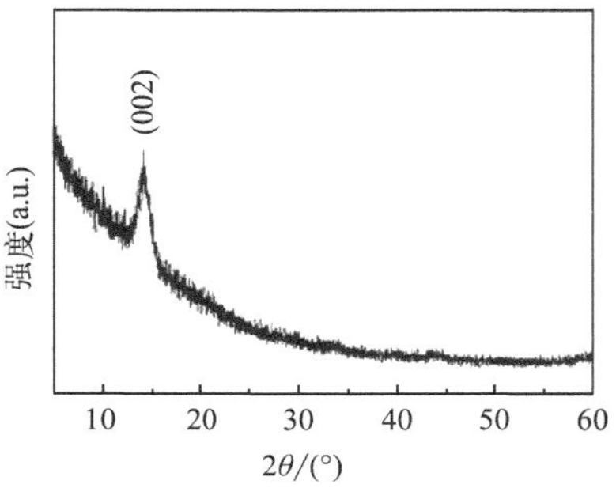

图 3.12　二硫化钼薄膜 XRD 图谱

　　然而，对于单少层 MoS_2 薄膜而言，除了上述机理外，还可以参照石墨烯的摩擦机理，针尖在机械剥离的石墨烯表面滑动过程中，由于石墨烯弱的切向刚度和与基底之间弱的吸附，导致其容易发生褶皱，增大针尖与石墨烯的接触面积，从而增大摩擦力。

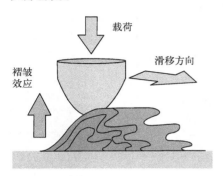

图 3.13　单少层二硫化钼褶皱产生过程示意图[17]

　　如图 3.13 所示，针尖在大面积单少层 MoS_2 薄膜表面滑动时，同样因为切向刚度不足产生褶皱导致了摩擦力的增大[17]。在针尖滑动过程中，有两个界面需要关注，首先是衬底与薄膜之间的界面。较弱的范德瓦尔斯力的相互作用无法提高薄膜的切向刚度，当薄膜受到针尖的挤压和剪切时就会产生褶皱，从而增加摩擦力。其次是 MoS_2 的层间界面，当受到针尖的法向载荷后，靠近针尖的 MoS_2 层会发生法向应变，同时产生应变的层数随着针尖施加载荷的增大而增加，即产生层间滑移的界面数随载荷增大而增加。

　　如图 3.14 所示，研究表明，不同于机械剥离 MoS_2 薄膜，得益于 ALD 的化学吸附作用，ALD 制造的单少层 MoS_2 薄膜和基底之间有较强的相互作用，同时由于针尖面积大于 MoS_2 晶粒面积，所以当针尖在 MoS_2 晶粒表面滑动时，可以有效抑制褶皱的产生。同时在针尖载荷下，各个 MoS_2 层的非一致性应变，导致层与层间非公度滑移，可以有效减小摩擦力。

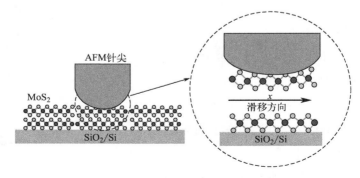

图 3.14　ALD 制造的二硫化钼薄膜减摩原理图

3.2.2 调控薄膜微结构

已知研究可以发现温度对二硫化钼的沉积模式发生了巨大的变化，从而影响薄膜的微结构，导致样品与薄膜间的黏附力发生改变，这直接会导致摩擦性能的变化。本小节将介绍 ALD 沉积调控 MoS₂ 薄膜微结构对其表面摩擦性能的影响，并从中总结出相关规律。

为了探究温度影响下 ALD 沉积薄膜表面摩擦性能，分别采用 5nN、10nN 和 15nN 的载荷对 400℃和 700℃温度下沉积的 MoS₂ 薄膜进行了摩擦力测试。

摩擦力、附着力和载荷之间的关系为

$$F_f = \mu\left(F_n + F_{ad}\right) \tag{3.1}$$

式中，F_f 为摩擦力；F_n 为载荷；F_{ad} 为黏附力；μ 为摩擦系数。

为了测试载荷对摩擦力的影响，分别在样品上施加 5nN、10nN 和 15nN 的力，并获得相应的摩擦力与 ALD 循环对应的曲线［见图 3.15（a）～（c）］。在单层二硫化钼薄膜覆盖的表面上测试的摩擦力（400℃下 1 ～ 3 次 ALD 循环和 700℃下 1 ～ 10 次 ALD 循环）比氧化硅衬底的摩擦力大。此时 ALD 沉积的单层二硫化钼薄膜无法完全覆盖基底，因此在测试摩擦的过程中仍会受到基底较大的影响，因为基底的氧化硅有着一定的亲水性，针尖受到的吸附作用会更强。此外，ALD 沉积的单层二硫化钼薄膜与基底发生的是化学键连接，属于强相互作用，这样的强相互作用保证了薄膜在测试工作中的稳定性。

随着层数增加，二硫化钼薄膜层之间的滑动会使摩擦力大大降低。然而，当 ALD 循环达到 15 时，在 400℃下沉积的二硫化钼薄膜受到的摩擦力开始呈现上升趋势，而在 700℃下沉积的薄膜却能一直保持平稳。由式（3.1）可得，只要硫化钼薄膜形成了层间结构，及薄膜的厚度达到两层或以上，这样的减摩特性就会存在。但我们对 400℃制备的二硫化钼薄膜进行表征时发现，随着循环数的上升，相当一部分的二硫化钼薄膜会出现"立"起来的现象，这可能会影响到薄膜表面的摩擦系数。负载在相同类别的摩擦力测试中是一致的，因此唯一能够造成这种变化的只能是黏附力。

图 3.15（d）显示了不同载荷下样品与氧化硅基底相比，相对应的表面摩擦力的比例关系。结果表明，400℃下，在 5nN、10nN 和 15nN 三种载荷下，二硫化钼

薄膜的摩擦力均会下降。然而，低负载下的黏附力变化大大削弱了二硫化钼薄膜降低摩擦力的性能。与400℃的摩擦力减少比例相比，700℃沉积的试样的摩擦力下降比例可有效地稳定保持在50% ～ 60%。研究表明，与400℃沉积的薄膜相比，700℃沉积的薄膜可以将薄膜的减摩性能提高10% ～ 15%，并保持稳定。

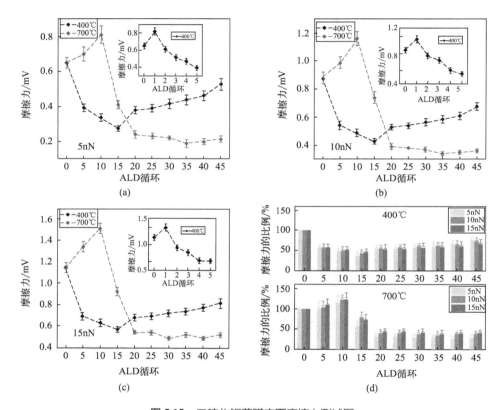

图 3.15　二硫化钼薄膜表面摩擦力测试图

同时，对 AFM 针尖与二硫化钼薄膜之间的黏附力做相关分析。在400℃和700℃下沉积的薄膜表面的接触角和毛细力计算结果如图 3.16 所示。

如图 3.16（a）所示，在 ALD 循环数小于 15 时，无论是在400℃还是700℃，沉积的二硫化钼薄膜的接触角都会相较于氧化硅基底变大，从氧化硅的61.2°上升到81.7°，这主要是得益于二硫化钼本身的疏水性，且此时沉积的薄膜表面粗糙度并不高，薄膜表面还是有一定的平整度的。表面粗糙度和接触角的关系可以用 Wenzel's 公式表达

$$\cos\theta^* = r\cos\theta \qquad (3.2)$$

式中，θ^* 为接触角；r 为表面粗糙度；θ 为杨氏接触角。

可以发现，在薄膜表面接触角小于 90° 时，接触角会随着薄膜表面粗糙度的变大而变小，表现出一定的亲水性。由于在 400℃下沉积的薄膜表面的粗糙度会因为岛状生长模式而不断上升，薄膜的接触角在 45 个循环之后下降到 37.2°，后续即使循环数继续增加，薄膜的接触角的下降比例也不会太大。另外，在 400℃下薄膜较低的表面覆盖率，会使得基底的亲水性不会完全消除，在覆盖率达到 100% 之前基底都会影响到薄膜的亲疏水性。

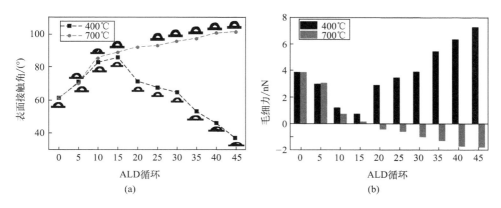

图 3.16　沉积温度对薄膜表面接触角和毛细力的影响图

反观在 700℃下沉积的二硫化钼薄膜，由于其特殊的沉积模式，使其表面的单层覆盖率可以达到很高的程度，这就大大降低了二氧化硅基底的影响。在此温度下，薄膜表面的粗糙度得到了很好的控制，这就使得其表面的疏水性得到了放大，特别是循环数达到 20 时，薄膜表面的接触角已经突破了 90°，依据 Wenzel's 公式，二硫化钼的疏水性就会得到放大，使得薄膜表面的接触角不断上升。

对于球形尖端与薄膜表面之间的毛细力计算公式为

$$F_C = 4\pi R\gamma_L \cos\theta \qquad (3.3)$$

式中，R 为 AFM 探针的针尖半径；γ_L 为水的表面张力；θ 为水的接触角。

图 3.16（b）就是根据式（3.2）进行计算的结果。可以发现，毛细力的变化趋势与接触角的变化趋势相一致。最终在 45 个 ALD 循环时，两种温度下薄膜表面

的毛细力相差达到了 9nN，这就是 400℃下沉积的薄膜在后续测试摩擦力的过程中会发生恶化现象的主要原因。

图 3.17（a）描述了 AFM 针尖在趋近和远离薄膜表面时的受力变化情况。趋近时主要分为 4 个阶段，在（Ⅰ）阶段，针尖与薄膜之间距离较远，相互之间没有明显的吸引。在（Ⅱ）阶段，AFM 针尖与薄膜表面之间的距离足够地近，针尖受到薄膜的范德瓦尔斯力的影响发生了一定程度的弯曲。在（Ⅲ）阶段，随着针尖进一步靠近薄膜表面，悬臂逐渐变直。在（Ⅳ）阶段，针尖进一步靠近薄膜表面，就会受到一定的排斥力，此时的悬臂就会发生反向的弯曲，在此阶段，我们可以通过控制针尖的高度来获得一定的负载。

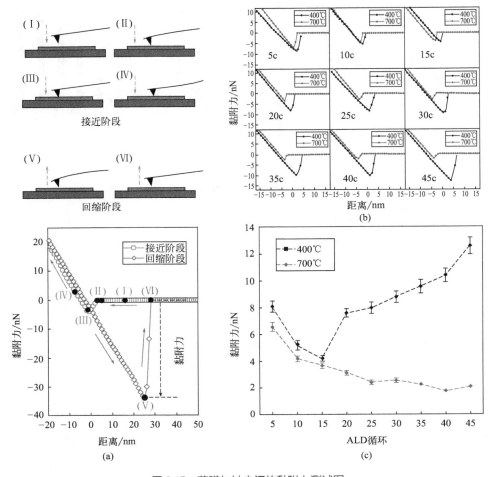

图 3.17　薄膜与针尖间的黏附力测试图

图 3.17（a）中，在缩回阶段，由于 AFM 尖端和样品之间的黏附，尖端发生最大向下弯曲（位置Ⅴ）。然后，由于 AFM 针尖的弹力超过黏附力，针尖会突然恢复（位置Ⅵ）。因此，黏附力对应于位置Ⅴ和Ⅵ之间的尖端弹性力间隙。通过这种方法，获得了在 400℃和 700℃下沉积的 AFM 尖端和 ALD 样品之间的力 - 距离曲线［见图 3.17（b）］，并获得了折线图［见图 3.17（c）］。可以发现，最终的两种薄膜的黏附力的差距也是 9nN 左右，这与毛细力的差距可以相对应。正是黏附力的变化导致了在加入不同载荷时薄膜表面的摩擦力发生变化。当载荷较小时，9nN的变化造成的影响往往是巨大的，会导致二硫化钼的摩擦力减少的比例急剧下降，因此为了弱化这种变化的影响，提高载荷也是一个不错的选择。

3.2.3　调控薄膜形貌

ALD 作为一种优秀的表面控制薄膜制造技术，对所沉积薄膜表面形貌的精准评估，在各种应用中显得尤其重要。在微观尺度上最常用的方法是 AFM 直接测量薄膜表面的形貌图。通常 AFM 形貌图只能反映表面形貌的微观几何特征，本小节将通过测量 AFM 形貌图的同时测量出其摩擦力来对薄膜的形貌特性进行评估。

（1）基底类型改变 MoS_2 薄膜形貌用于表面摩擦性能调控

图 3.18 对比了三种不同平面基底上所沉积的单层 MoS_2 薄膜的摩擦特性，单层 MoS_2 的摩擦力都是高于相应的基底表面的摩擦力。从宏观角度来看，由于 MoS_2 作为一种优异的固体润滑剂，当 MoS_2 薄膜沉积在基材表面时摩擦力应该是减小的，但相反的是，在沉积单层 MoS_2 之后样品的表面摩擦力不降反升，这主要是由于褶皱效应所造成的。

通过原子间作用力在 MoS_2 薄片和尖端之间所产生的吸引力会导致薄片向尖端处形成堆积（见图 3.19），这样的相互作用会增加摩擦的面积，当针尖滑动时，薄片会进一步变形，这会导致摩擦力进一步增加。另外，随着薄膜厚度的减小，薄膜的褶皱效应也将增大，从而导致摩擦力增加。当薄膜厚度减小到单层时，MoS_2 薄膜的抗弯刚度较低，从而导致单层的 MoS_2 比裸的基底表面有更大的摩擦力。

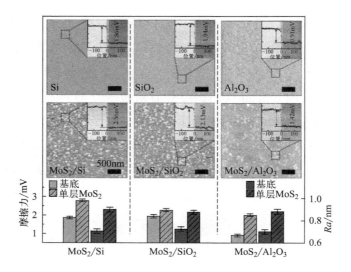

图 3.18 Si、SiO₂ 和 Al₂O₃ 裸基底和在这三种基底表面上沉积单层 MoS₂ 薄膜的表面形貌的 AFM 图、对应样品的摩擦力图及其表面粗糙度图

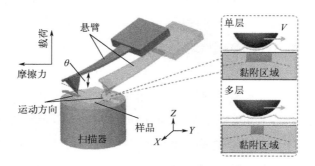

图 3.19 AFM 测量摩擦力及褶皱效应对摩擦的影响示意图

如图 3.20（a）所示，三种基底上所沉积 MoS₂ 薄膜的摩擦力曲线与扫描速度对数之间呈现线性关系，这表明在 AFM 针尖和 MoS₂ 薄膜之间发生了原子黏滑运动，并且沉积在 Si 上的单层 MoS₂ 的摩擦力最高。在初始的异质阶段 ALD 所沉积的 MoS₂ 薄膜通常缺乏硫，这会导致 MoS₂ 中存在大量的硫缺陷，从而进一步促进摩擦力的增加［见图 3.20（b）］。

通过样品的 XPS 光谱可以进一步证明硫缺陷对摩擦力的影响，其结果如图 3.21 所示，分别观察到在三种基底上沉积的 MoS₂ 薄膜的结合能。这些结合能可以表明，Mo 具有 Mo^{+4} 的氧化态，S 具有 S^{-2} 态，证实其化学成分为 MoS₂。这三种基底上所沉积的 MoS$_2$ 薄膜的 S^{-2}/Mo^{+4} 比说明，三个基底上所沉积的 MoS$_2$ 薄膜是具有 S 缺陷的，而 Al$_2$O$_3$ 基底上所沉积的薄膜的 S/Mo 比例最高，由此可以推断其缺陷最少，因而相应的摩擦力也最低。此外 S/Mo 比率越小而样品中硫缺陷的浓度越高，这意味着摩擦随着 S/Mo 比的降低而增加，这也与理论的讨论是一致的。

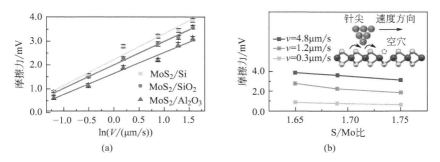

图 3.20 在 Si、SiO$_2$ 和 Al$_2$O$_3$ 基底上沉积 MoS$_2$ 样品表面的摩擦力与 ln$v$（扫描速度 v）的函数关系图（a）以及不同扫描速度下样品表面的摩擦力与 S/Mo 比之间的函数关系图，插图是 AFM 针尖与 MoS$_2$ 空位之间原子黏滑的示意图（b）

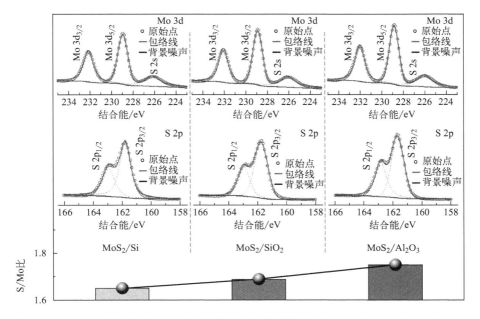

图 3.21 在 Si、SiO$_2$ 和 Al$_2$O$_3$ 基底上沉积 MoS$_2$ 样品的 Mo 3d、S 2s 和 S 2p 电子态的高分辨率 XPS 光谱图以及对应样品的 S/Mo 比图

此外，在氧化物基底（SiO$_2$ 或 Al$_2$O$_3$）上所沉积 MoS$_2$ 薄膜的摩擦力低于在 Si 衬底上的摩擦力，这是因为在 ALD 循环的异质沉积阶段所形成的缓冲层可以减弱褶皱效应。由于 ALD 工艺中特定的自限性表面反应，缓冲层的强度直接由羟基的数量决定，氧化物（SiO$_2$ 或 Al$_2$O$_3$）基底表面上的羟基数量比 Si 基底表面上的多，这也是 Si 基底上摩擦力高的另一个原因。

在 ALD 沉积 MoS$_2$ 的同质沉积阶段，当薄膜的厚度从 1 层增加到 5 层时，MoS$_2$ 薄膜本身的表面特性成为摩擦的主要因素。接触角（water contact angle，WCA）可以包含有关固体表面能的信息，这些信息可以通过 Young 方程[27,28] 来描述

$$\gamma_S = \gamma_{SL} + \gamma_L \cos\theta_0 \tag{3.4}$$

式中，γ_S、γ_L、γ_{SL} 分别为固体表面自由能、液体表面自由能和固液界面能；θ_0 为固体表面和液体表面之间的接触角（其中对应的参考值：γ_L=72.7mJ/m^2，γ_{SL}=35.4mJ/m$^{2[28]}$）。

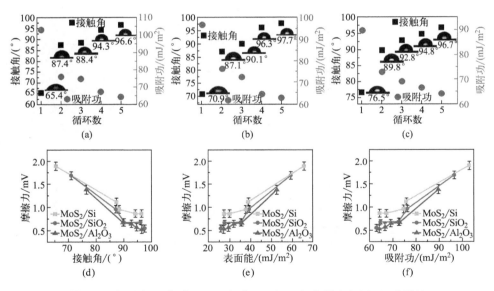

图 3.22 沉积在 Si（a）、SiO$_2$（b）和 Al$_2$O$_3$（c）基底上 MoS$_2$ 薄膜的接触角和吸附功随着循环数的变化图以及在三种基底上所沉积 MoS$_2$ 薄膜的摩擦力与接触角（d）、表面能（e）和吸附功（f）之间的关系图

MoS$_2$ 的表面能可以使用式（3.4）计算，获得表面能后 MoS$_2$ 的黏附功可以由以下方程来确定

$$W_a = \gamma_S + \gamma_L + \gamma_{SL} \tag{3.5}$$

式中，W_a 为黏附功。

随着 MoS_2 薄膜层数的增加，其 WCA 和黏附功的变化如图 3.22（a）~（c）所示。随着在三个基底上所沉积 MoS_2 薄膜层数的增加，对应的 WCA 值也在增加，而对应的表面能和黏附功随着 MoS_2 薄膜循环次数的增加在降低，摩擦力也随着循环次数的增加而减小，因此可以初步推断黏附功越大，对应的摩擦力也就越大。

理论上可以通过计算黏附力 F_a 来估计样品的变形，从而可以进一步分析黏附功与摩擦力之间的关系。弹性固体之间机械接触的 Derjaguin-Müller-Toporov（DMT）理论可以用于解释黏附力[29]F_a 和黏附功 W_a 之间的关系

$$F_a = 2\pi R W_a \tag{3.6}$$

式中，R 为针尖尖端的半径。

接触半径由下式给出

$$a = \sqrt[3]{\frac{6\pi W_a R^2}{4K}} \tag{3.7}$$

式中，a 为接触半径；K 为针尖-样品接触的缩减模数，$K = \frac{4}{3}\left(\frac{1-v_t^2}{E_t} + \frac{1-v_s^2}{E_s}\right)$；$v_t$、$E_t$、$v_s$、$E_s$ 分别为尖端和样品的泊松比和杨氏模量。

黏附力和摩擦力之间的关系可以通过用于界面摩擦的 Bowden-Tabor 黏附模型来描述[30]，摩擦力可以表示为

$$F_f = \tau A + F_p \tag{3.8}$$

抵抗滑动的力有两个贡献：第一项表明摩擦与剪切强度（τ）和接触面积（A）成正比；第二个贡献为耕力（F_p）。由于剪切强度与黏附力成比例，接触面积与黏附功呈正相关，因此摩擦力与吸附功同时增加，这可以通过图 3.22（d）~（f）来证实，其中摩擦力随着吸附功的增加而增加。随着沉积在三种基底上的 MoS_2 层数的增加，吸附功减小的趋势与理论推导结果一致。换句话说，吸附功可近似用于表征 AFM 尖端和 MoS_2 薄膜之间的黏附强度，更大的吸附功对应更大的黏附力，同时更大的附着力也对应更高的摩擦力。研究结果表明，三种基底的表面特性可以通过 ALD 沉积 MoS_2 来改变，并以此调控样品表面的摩擦力。

（2）晶粒尺寸改变 MoS₂ 薄膜形貌用于表面摩擦性能调控

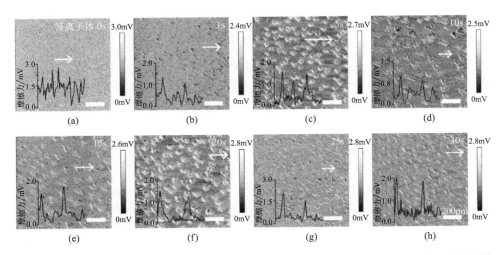

图 3.23 沉积在 Al₂O₃ 基底表面上的单层 MoS₂ 薄膜的摩擦力图，插图显示了对应样品中白色箭头处的摩擦力曲线

通常情况下等离子体处理越久，基底表面上羟基官能团的数量就越多，更多的羟基为 ALD 沉积 MoS₂ 提供了更多的活性位点，从而有利于 MoS₂ 晶粒的形成。随着等离子体处理时间的增加，晶粒尺寸先增大后减小，因此可以通过等离子体处理来调控 MoS₂ 晶粒的大小。这些样品的 AFM 形貌图在前面已经展示，通过横向力扫描方式可以得到样品相应的横向摩擦力，与之对应的横向摩擦力图像展示在图 3.23 中。

通过计算样品摩擦力的分布，可以得到不同等离子体处理时长后基底上所沉积 MoS₂ 薄膜的平均摩擦力，如图 3.24（a）和（b）所示。通过分析每个样品的摩擦力显微镜（FFM）信号图的直方图来确定摩擦力的分布，然后对得到的摩擦力分布数据采用高斯函数拟合，从而得到不同样品的平均摩擦力。随着等离子体处理时间从 0s 增加到 10s，所获得样品的平均摩擦力在逐渐减小，当时长超过 15s 后所获得样品的摩擦力几乎保持不变 [图 3.24（c）]。样品表面的粗糙度 [见图 3.24（c）中的插图]、晶粒尺寸 [见图 3.24（d）中的插图] 和晶粒的表面覆盖率 [见图 3.24（d）] 也可以通过相应的 AFM 图像计算得到，这些数据说明，MoS₂ 表面的摩擦力与其晶粒尺寸的变化是一致的，即随着晶粒尺寸的增大，对应样品的平均摩擦力是在减小的。

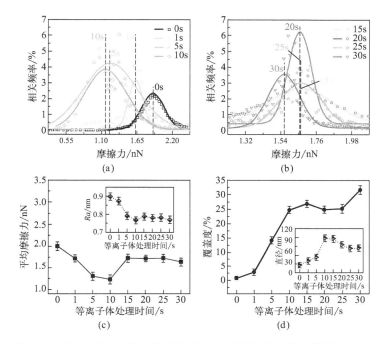

图 3.24　Al$_2$O$_3$ 基底表面分别被等离子体处理后在其表面上所沉积 MoS$_2$
薄膜的摩擦力分布图（a、b）、平均摩擦力与等离子体处理时长的关系图，
其中插图是相应样品的表面粗糙度（c）以及样品的表面覆盖率与等离子体
处理时长的关系图，其中插图是相应样品的晶粒尺寸（d）

　　由于 ALD 基于自限性表面反应的特性使得前驱体被分开通入到反应腔内，从
而形成了一个二元的表面反应序列。首先，第一个 Mo 源前驱体（MoCl$_5$）会与基
底表面的官能团（羟基）形成物理化学吸附，在初始阶段，前驱体分子在基底表
面上吸附的数量可以决定晶核的密度和大小。而 O$_2$ 等离子体处理可以有效地增加
Al$_2$O$_3$ 基底表面上羟基的数量，因此等离子体处理后的基底表面所沉积的 MoS$_2$ 晶
粒的数量和尺寸都在增加（见图 3.25）。然而当等离子体处理时间超过 15s 后，晶
粒的数量和覆盖率都有所增加，但晶粒尺寸却在减小，这是因为当等离子体处理时
间超过 15s 后，Al$_2$O$_3$ 基底表面上羟基的数量会继续增加，结果导致更多的前驱体
分子被吸附在基底表面，从而使得所沉积的晶粒数量和覆盖率得到了增加，这也意
味着晶粒的密度也会增加。与此同时，较大的晶粒密度会使得晶粒的横向生长空间
得到抑制，从而使得所沉积晶粒的尺寸减小，而等离子体处理时间越长，抑制效果
越明显，也就使得晶粒尺寸变得更小。

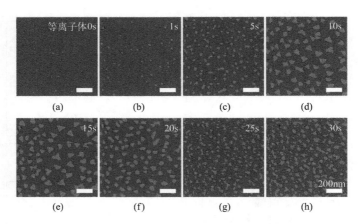

图 3.25 沉积在 Al_2O_3 基底表面上的单层 MoS_2 薄膜的表面覆盖图

研究表明，晶粒密度与晶粒尺寸间的相互竞争关系使得在等离子体处理时间为 10s 时所沉积的 MoS_2 薄膜样品具有最小的表面粗糙度，而粗糙度的变化趋势与平均摩擦力保持一致，进一步说明可以通过等离子体处理时长影响薄膜形貌来调控 MoS_2 薄膜的摩擦力。

3.3　ALD 应用于电磁特性调控

MXene 作为二维纳米材料具有吸收带宽大、反射损耗小、重量轻等优点，在电磁屏蔽和吸波领域得到了广泛的研究。然而，原始的 MXene 块体或 MXene 薄膜会产生较高的界面反射和较差的阻抗匹配[31]，从而使入射的电磁波被反射而不是被吸收，这对提高电磁波的吸收性能是极为不利的。本节通过 ALD 技术沉积 MoS_2 薄膜，对 MXene 气凝胶和 MXene/AgNWs 交替多层复合薄膜的电磁特性进行调控，改善其吸波和电磁屏蔽性能。

3.3.1　电磁屏蔽结构的 ALD 制造与调控

在 ALD 气相前驱体的渗透过程中，可以将纳米薄膜沉积到衬底的深通道中，这将 ALD 技术的应用范围从二维平面扩展到三维结构表面。ALD 沉积薄膜的保形性也成为一个关键特征，这种独特的特性拓宽了 ALD 技术在装饰和改造微纳结构方面的应用。

（1）MoS$_2$/MXene 复合气凝胶

MoS$_2$/MXene 复合气凝胶是通过使用 ALD 工艺将 MoS$_2$ 薄膜保形地沉积到原始的 Ti$_3$C$_2$T$_x$ MXene 气凝胶模板上获得的。首先通过冰晶模板法、质子化过程和冷冻干燥等步骤制备得到 Ti$_3$C$_2$T$_x$ 气凝胶，将 Ti$_3$C$_2$T$_x$ 气凝胶作为模板使用 ALD 在其表面沉积厚度可控的 MoS$_2$ 薄膜，从而构建得到 MoS$_2$/MXene 复合气凝胶。详细的 MoS$_2$/MXene 复合气凝胶的制备流程图如图 3.26 所示，在 ALD 沉积 MoS$_2$ 薄膜后，在 Ti$_3$C$_2$T$_x$ 气凝胶表面可观察到具有纤维纹理状的 MoS$_2$，说明使用 ALD 能够直接在 Ti$_3$C$_2$T$_x$ 气凝胶表面沉积 MoS$_2$ 薄膜。

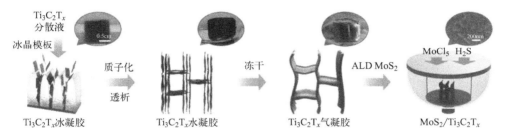

图 3.26　MoS$_2$/MXene 复合气凝胶的制备过程示意图

为了方便表述，所制备的样品被命名为不同的标签，列举在表 3.1 中。

表 3.1　所制备气凝胶样品的标签列表

样品	标签
使用 10 mg/mL Ti$_3$C$_2$T$_x$ 分散液所制备的气凝胶	MX-1
使用 20 mg/mL Ti$_3$C$_2$T$_x$ 分散液所制备的气凝胶	MX-2
使用 30 mg/mL Ti$_3$C$_2$T$_x$ 分散液所制备的气凝胶	MX-3
使用 40 mg/mL Ti$_3$C$_2$T$_x$ 分散液所制备的气凝胶	MX-4
使用 50 mg/mL Ti$_3$C$_2$T$_x$ 分散液所制备的气凝胶	MX-5
100 个 ALD 循环的 MoS$_2$ 沉积在 MX-3 上	MSX-1
200 个 ALD 循环的 MoS$_2$ 沉积在 MX-3 上	MSX-2
300 个 ALD 循环的 MoS$_2$ 沉积在 MX-3 上	MSX-3
400 个 ALD 循环的 MoS$_2$ 沉积在 MX-3 上	MSX-4
500 个 ALD 循环的 MoS$_2$ 沉积在 MX-3 上	MSX-5

（2）MXene/AgNWs/MoS₂ 交替多层复合薄膜

MXene/AgNWs/MoS₂ 交替复合薄膜的设计与制备流程如图 3.27 所示，上下层包裹 MoS₂ 纳米层，中间为层层交替的 MXene/AgNWs 掺杂层和 AgNWs 单层。通过 ALD 沉积系统在 MXene/AgNWs 交替多层复合薄膜的上下表面沉积 MoS₂。具体实验步骤如下：用等离子体清洗机预处理原始的 MXene/AgNWs 交替多层复合薄膜，时间为 120s。然后将其放置在 ALD 设备的腔室中，以 H_2S 和 $MoCl_5$ 作为前驱体，并使用流速为 50sccm（标准立方厘米每分钟，体积流量单位）的 N_2 作为载气交替地通入 ALD 腔室。$MoCl_5$ 和 H_2S 的暴露时间和吹扫时间分别为 2s 和 30s，整个过程 ALD 腔室温度保持在 460℃。在每个 ALD 循环中需要多次重复这些步骤，通过设置不同的循环数以实现不同厚度的 MoS₂ 在 MXene/AgNWs 交替多层复合薄膜表面的生长。

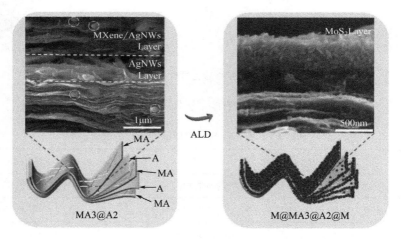

图 3.27 MXene/AgNWs/MoS₂ 交替多层复合薄膜的制备流程示意图

3.3.2 电磁特性调控

循环数是 ALD 制造工艺的重要部分，其制备的薄膜厚度和质量与 ALD 循环数密切相关，本节将阐述循环数对复合气凝胶和薄膜电磁特性的影响。

（1）MoS₂/MXene 复合气凝胶

除了 MSX-1 样品外，介电损耗角正切的变化趋势可能是由于 $Ti_3C_2T_x$ 薄片表面上不连续的 MoS₂ 纳米片导致界面阻抗匹配不佳所造成的。电磁波吸收材料的损耗能力可以通过衰减常数来评估，而衰减常数也可以用损耗角的正切来表示，衰减常数的变化趋势与介电损耗角正切的变化趋势相同。电磁波损耗能力随着 ALD 循环次数的增加而降低，这意味着衰减常数随着 MoS$_2$ 成分的增加而降低，这表明 Ti$_3$C$_2$T$_x$ 薄片可以大大衰减电磁波。

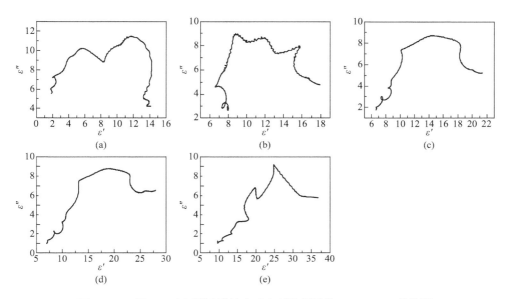

图 3.28 不同 ALD 循环数所制备复合气凝胶样品的 Cole-Cole 曲线图

此外，复介电常数的波动趋势可以表明多重极化弛豫，根据德拜偶极弛豫可以用 Cole-Cole 半圆表示。在 ε'-ε'' 的曲线中可以观察到几个半圆（见图 3.28），这表明存在多重德拜弛豫。理论上一个圆对应一个极化弛豫过程，但是在实际情况下一个半圆可以指示至少一个极化弛豫过程，而 Cole-Cole 图中半圆和弧的共存表明偶极极化和界面极化的多个弛豫过程对吸波性能的相互贡献[32]。

MoS$_2$/MXene 复合气凝胶的微波吸收性能可通过反射损耗（RL）值来描述，可以根据传输线理论通过计算得到。通常将 RL 的值小于 -10dB 的频率区域称为有效吸收带宽（effective absorption bandwidth，EAB），这也就意味着 90% 以上的入射电磁波将会被吸收。具有不同 ALD 循环数的 MoS$_2$/MXene 复合气凝胶的反射损耗曲线及相应的 2D 等高图被计算；其中 MSX-3 样品在厚度为 4.53mm 时显示最小的 RL 值 -61.65dB，在厚度为 2.0mm 时显示最大的 EAB 值 5.9GHz。

复合气凝胶样品的 RL_{min} 值随着 ALD 循环的增加先减小然后增加，在 300 个 ALD 循环时达到最小值，表明复合气凝胶的吸波性能可以通过 ALD 精确地控制所沉积 MoS_2 薄膜的厚度来实现调控。并且当复合气凝胶的样品厚度超过 2mm 时，几乎所有这些复合气凝胶都显示出有效的吸收带宽，而 EAB 值随着厚度的增加而降低，并且对于所有样品都趋于恒定。

MX-3 样品的 RL 值在 2 ~ 18GHz 范围内始终高于 -10dB。尽管 MX-3 在 450℃ 退火处理后其微波吸收性能略有改善，但在 1.5mm 的厚度下，它最小的 RL 值仍然只有 -18.62dB，这些表明原始的 $Ti_3C_2T_x$ 气凝胶具有较差的吸波特性。此外，含有粉碎的 MSX-3（96.1%、90%、80% 和 70%，质量分数）样品的吸波性能随着填充率的降低（MSX-3 的负载率增加）而略有增加，由于气凝胶的多孔结构被大量破坏，使材料的吸波性能大大减弱。

根据前面的分析，虽然衰减常数随着 ALD 沉积 MoS_2 循环次数的增加而减小，但电磁波吸收性能没有类似的趋势，其中 RL_{min} 值是先减小后增大。这是因为复合气凝胶样品的吸波性能也会受到阻抗匹配的影响，可以采用 delta 函数的方法来表示阻抗匹配的程度，通过该方法计算具有不同 ALD 循环的 MoS_2/MXene 复合气凝胶的 delta 值。随着 ALD 循环次数的增加，较低 delta 值的面积在增加，这表明异质界面可以有效地优化阻抗匹配的程度。最终随着 ALD 循环次数的增加，当复合气凝胶的阻抗匹配和衰减常数在 300 个 ALD 循环时达到平衡，从而所制备的复合气凝胶具有最佳的吸波性能。

（2）MXene/AgNWs/MoS_2 交替多层复合薄膜

交替多层复合薄膜的电磁屏蔽性能可以通过 EMI SE 来进行评估。图 3.29(a) 显示了不同 ALD 循环数下 MXene/AgNWs/MoS_2 交替多层复合薄膜的 EMI SE。MXene/AgNWs 交替多层复合薄膜（0 循环）在整个频带内表现出 60dB 以上的电磁屏蔽效能，而沉积 MoS_2 后的 MXene/AgNWs/MoS_2 交替多层复合薄膜的 EMI 屏蔽性能有了显著提高。其中，当 ALD 循环数为 200 时，复合薄膜的电磁屏蔽性能最大，高达 86.3dB。具体而言，在循环数为 50 ~ 200 区间内，随着 ALD 循环数的增加，MoS_2 的介电和极化特性也随之增大，这表明材料在外部交变电磁场下更容易被极化。同时，异质界面的面积逐渐增大，这可以有效优化阻抗匹配的程度，MXene/AgNWs/MoS_2 交替多层复合薄膜 EMI SE 也就急剧提升。然而，当循环数大于 200 后，异质界面的面积不再有明显增大，复合薄膜的电磁屏蔽性能趋于稳定。

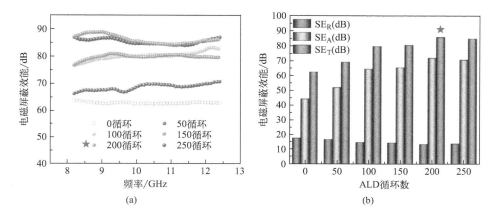

图 3.29　不同 ALD 循环下 MXene/AgNWs/MoS$_2$ 交替多层复合薄膜的 SE$_T$（a）以及不同 ALD 循环下 MXene/AgNWs/MoS$_2$ 交替多层复合薄膜的 SE$_R$、SE$_A$、SE$_T$（b）

为了进一步解释 MXene/AgNWs/MoS$_2$ 交替多层复合薄膜的电磁屏蔽性能变化趋势，计算了 SE$_R$ 和 SE$_A$ 对总 EMI 屏蔽的贡献，如图 3.29（b）所示。此外，对于所有循环数下 MXene/AgNWs/MoS$_2$ 交替多层复合薄膜而言，SE$_A$ 对总的 EMI SE 的贡献远远大于 SE$_R$，其中 MAM-200 的 SE$_R$ 最低，约为 14.1dB，而 SE$_A$ 最高，约为 72.2dB。值得注意的是，在所有样品的 ALD 循环数下，MAM-200 表现出最强的屏蔽性能。这一结果归因于 MoS$_2$ 作为 MXene/AgNWs/MoS$_2$ 交替多层复合薄膜表面上的半导体，增强了界面极化并优化了阻抗匹配，最终提高了薄膜表面的电磁波吸收能力。通常，较小的 SE$_R$ 显示低的 EM 反射，这可以通过计算 R-A 系数来确认。随着 ALD 循环数的增加，A 增加，R 减少，然后几乎趋于稳定，揭示了 MoS$_2$ 层低反射和高吸收的屏蔽机制。另一方面，在 250 个 ALD 循环（MAM-250）的情况下，总 EMI SE 具有略微下降的趋势，并且电磁波吸收性能没有持续改善。可以解释为，尽管 MoS$_2$ 增强了界面极化和阻抗匹配，但 MXene/AgNWs/MoS$_2$ 交替多层复合薄膜的电导率随着 MoS$_2$ 的 ALD 循环数的增加而降低，这对 EM 波衰减中的传导损耗是不利的。

综上所述，MXene/AgNWs/MoS$_2$ 交替多层复合薄膜的电磁屏蔽性能在循环数为 200 时具有最大值，当循环数继续增大到 250 时，过量的 MoS$_2$ 导致了复合薄膜的电导率降低，且异质界面的面积也无明显增大，从而使得薄膜的 EMI SE 略有下降。整体上，通过 ALD 技术在 MXene 基复合薄膜表面构建了异质界面，提升了以反射损耗为主的 MXene 基电磁屏蔽复合薄膜的吸收损耗，对其阻抗匹配进行优化，从而确保更多的电磁波能进入复合薄膜内部而不是在表面被反射，减少了复合薄膜表面的电磁波二次污染。由此可见，在 ALD 循环数为 200 的情况下，MXene/AgNWs/MoS$_2$ 交替多层复合薄膜（MAM-200）在保持薄膜厚度在纳米级尺度增长的同时，大大提高了其微波吸收和电磁屏蔽效能，减少了薄膜表面造成的二次污染。

3.3.3 吸波和屏蔽机理

（1）MoS$_2$/MXene 复合气凝胶

通过 ALD 工艺在原始 Ti$_3$C$_2$T$_x$ 气凝胶模板上构建保形性异质界面，可以将具有屏蔽性能的 MXene 气凝胶转化为具有吸收性能的 MoS$_2$/MXene 复合气凝胶。通过在原始 Ti$_3$C$_2$T$_x$ 气凝胶表面保形性地沉积 MoS$_2$ 薄膜层对阻抗匹配进行优化，从而确保更多的电磁波能进入吸波体的内部而不是被反射；气凝胶的多孔微结构与优良的吸波材料（MoS$_2$ 和 Ti$_3$C$_2$T$_x$）的结构 – 材料一体化设计可以增强吸波体的吸波性能，确保进入吸波体的电磁波被极大地吸收。MoS$_2$/MXene 复合气凝胶的吸波机理如图 3.30 所示。

显然，原始 MXene 的主要特点是电磁屏蔽，而原始 Ti$_3$C$_2$T$_x$ 气凝胶的电磁屏蔽性能会随着 MXene 浓度的增加而增加，如图 3.31（a）所示。由于吸收效率（SE$_A$）的值高于反射效率（SE$_R$），因此 MXene 气凝胶的吸收性能占屏蔽的主导地位，如图 3.31（b）所示，这意味着如果减少 MXene 气凝胶对电磁波的反射，气凝胶的吸收性能将大大提高。通过 ALD 工艺构建的 MoS$_2$ 和 Ti$_3$C$_2$T$_x$ 之间的异质界面可以优化 MoS$_2$ 和自由空间之间的阻抗匹配程度。随着 ALD 循环次数的增加使得较低 delta 值的区域增加，表明异质界面有效地优化了阻抗匹配，这将减少电磁波的反射并允许更多的电磁波进入吸收体。

在电磁波进入吸波体内部后，入射电磁波可以通过在复合气凝胶独特的微孔结构中被多次反射而得到扩展；当电磁波穿透气凝胶壁时纤维状结构的 MoS$_2$ 和多 Ti$_3$C$_2$T$_x$ 层片之间会形成多重散射。多次的反射和散射延长了电磁波的传播路径，

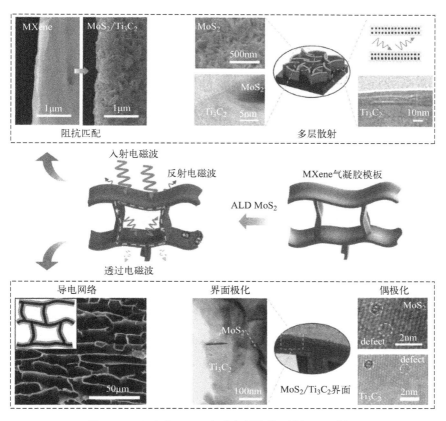

图 3.30 MoS$_2$/MXene 复合气凝胶的吸波机理示意图

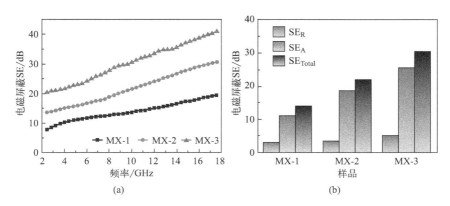

图 3.31 MX-1、MX-2 和 MX-3 样品的电磁屏蔽性能（a）以及在 2 ~ 18 GHz
范围内不同样品相应的总屏蔽效率（SE$_{Total}$）、吸收效率（SE$_A$）和
反射效率（SE$_R$）的平均值（b）

这有利于电磁能的耗散。尽管通过桥连壁在 $Ti_3C_2T_x$ 气凝胶壁之间构建的多孔网络具有高电导率，但是 MoS_2/MXene 复合气凝胶的电导率随着 ALD 循环次数的增加而降低，而这不利于复合气凝胶的传导损耗。但由于 ALD 引入的 MoS_2 薄膜和异质界面的产生，使得界面极化和偶极化所引起的介电损耗在电磁波衰减中得到加强。由于在交替电磁场下电荷的积累和振荡，可在异质界面处产生类似电容器的结构，因此 MoS_2 与 $Ti_3C_2T_x$ 之间的保形性异质界面可以显著增强界面极化，从而有助于提升电磁波的吸收特性。此外，MoS_2 和 $Ti_3C_2T_x$ 中存在许多缺陷，它们将提供更多的偶极极化，而这些偶极化的极化弛豫在交变电磁场中会进一步导致电磁波的耗散。

（2）MXene/AgNWs/MoS_2 交替多层复合薄膜

MXene/AgNWs/MoS_2 交替多层复合薄膜具有交替多层结构，其内部由三层 MXene/AgNWs 掺杂层和两层 AgNWs 单层互相交替形成，外部由 MoS_2 纳米层包裹修饰而成，整体厚度为 0.03mm，且在 X 波段具有 86.3dB 的高效电磁屏蔽效能（electromagnetic interference shielding effectiveness,EMI SE）。散布在 MXene 片中的 AgNWs 骨架形成 3D 导电网络结构，提高了复合薄膜的电导率，同时 MXene/AgNWs 掺杂层和 AgNWs 单层之间的异质界面改善了 EM 波的多重反射损耗。此外，在复合薄膜的上下表面沉积 MoS_2 增强了 EMI SE 的同时，也提高了 EM 波的吸收比例，减少了薄膜表面的电磁波污染，同时提升了复合薄膜在空气中的电磁屏蔽性能稳定性。

具体而言，该复合薄膜电磁屏蔽过程中的衰减机制如图 3.32 所示。沉积在薄膜表面的 MoS_2 改善了 MoS_2 纳米层和自由空间之间的阻抗匹配，少部分的 EM 波直接在空气膜界面处反射。MoS_2 中的电子可以沿着纳米片迁移或跳跃穿过缺陷和界面。通常，介电材料的内部通过介电损耗和磁损耗的方式耗散电磁波能量。在 GHz 波段，介电损耗主要归因于导电损耗、偶极子和界面极化。值得注意的是，对于高导电的材料如石墨烯和 MXene，导电损耗具有重要作用。另一方面，磁损耗在电磁波衰减中也起到了不可忽略的作用。其中，GHz 频段的磁损耗机制包括涡流损耗、自然共振损耗和交换共振损耗。穿透的 EM 波与 MXene/AgNWs 掺杂层中的导电网络相互作用，导致传导损耗和 EM 能量衰减。根据 Maxwell–Wagner 极化理论，在 MXene 与 AgNWs 的掺杂层中，大量载流子将会积聚在两相界面处，导致界面极化[33]。由于 MoS_2、MXene/AgNWs 和 AgNWs 层之间的异质界面，界面极化和偶极极化导致的介电损耗显著增强。剩余的 EM 波穿透具有高电导率、宽电子转移路径和大表面积的 MXene/AgNWs 层状导电网络结构。EM 波和高电子密度 MXene/AgNWs 掺杂层之间的强相互作用导致 EM 波衰减。高导电性的 AgNWs 单层再次反射 EM 波，导致 MXene/AgNWs 掺杂层和 AgNWs 单层界面处的波阻抗不连续。五层交替结构引起的多次反射和散射扩展了电磁波的传播路径，增加了复合薄膜内部结构的吸收能力，这有利于电磁能量的耗散，表现出高效的电磁屏蔽能力。最终，残留的 EM 波将在透射之前被膜底部的 MoS_2 层重新吸收，从而实现高效的电磁屏蔽。

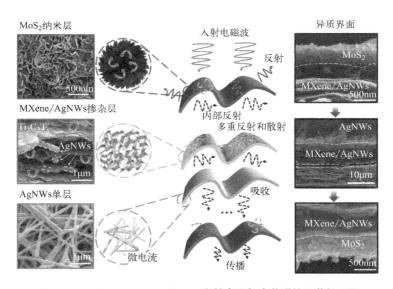

图 3.32 MXene/AgNWs/MoS_2 交替多层复合薄膜的屏蔽机理图

为了更清晰阐明交替多层复合薄膜中的屏蔽机制，本章测量了 MXene/AgNWs 交替多层复合薄膜以及 MXene/AgNWs/MoS_2 交替多层复合薄膜在 8.2 ~ 12.4GHz 范围内的电磁参数，包括介电常数和磁导率，结果如图 3.33 所示。MXene/AgNWs/MoS_2 交替多层复合薄膜和 MXene/AgNWs 交替多层复合薄膜的介电参数的实部随着频率上升呈下降趋势，而虚部在整个范围内波动。尤其是 MXene/AgNWs/MoS_2 交替多层复合薄膜的虚部在 11.2GHz 附近出现明显的弛豫峰。MXene/AgNWs/MoS_2 交替多层复合薄膜和 MXene/AgNWs 交替多层复合薄膜的 Cole-Cole 图均表现出宽且不对称的半圆弧，表明异质复合薄膜内部存在着多个介电弛豫过程[34]。MXene/AgNWs/MoS$_2$ 交替多层复合薄膜和 MXene/AgNWs 交替多层复合薄膜的磁导率的实部在 1.0 附近波动，虚部几乎接近于 0。考虑到没有引入任何磁性成分到 MXene/AgNWs/MoS$_2$ 交替多层复合薄膜的复合体系中，这种低的磁导率归因于整体的无磁性特性，这一点也通过磁滞回线的测量得到验证。由于 MoS$_2$ 纳米材料具有高介电常数，使得电磁波在复合薄膜的表面被更多地吸收，从而能更好地起到减少表面电磁波二次污染的作用，达到更好的电磁屏蔽效果。

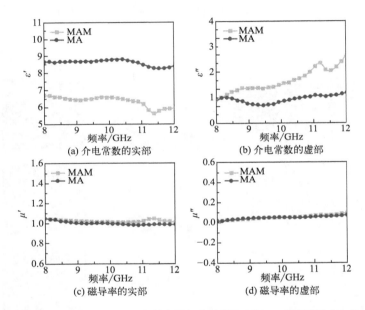

图 3.33 MXene/AgNWs 交替多层复合薄膜和 MXene/AgNWs/MoS$_2$
交替多层复合薄膜在 8.2 ~ 12.4 GHz 范围内的电磁参数

此外，阻抗匹配也是影响材料电磁波响应的重要因素。一般来说，对于电磁波吸收材料，需要使材料的特性阻抗接近或等于自由空间的特性阻抗，才能有利于电磁波进入吸波体内部，然后通过内部的损耗机制耗散电磁波能量。为了减少二次反射污染、增强吸收，吸波材料的阻抗应尽可能接近自由空间的阻抗，以减少阻抗失配，便于电磁波进入材料。同时，吸波材料的介电损耗和磁损耗应有效互补，从而增强对于电磁波的损耗能力。对于理想吸收体，介电常数和磁导率的实部之比（μ'/ε'）的值应接近[35]。而对于纯电磁屏蔽材料而言，仅仅考虑削弱穿过材料的透射波即可，通常不考虑电磁波在表面二次反射可能造成的电磁污染。因此，在这种情况下，可以通过阻抗失配减少进入材料内部的电磁波，从而提升屏蔽性能。

3.4　ALD 应用于传感噪声调控

氮化硅（Si_3N_4）材料的表面在中性溶液中带负电，在一定程度上排斥溶液中同样带负电荷的待测分子，其次，Si_3N_4 纳米孔的电学噪声较大，噪声问题一直是制约固态纳米孔单分子传感器应用的一大瓶颈。ALD 技术具有高度可控性，通过控制反应循环的次数即可沉积精确厚度的薄膜，ALD 还有很好的沉积均匀性，制备出均匀致密的化合物薄膜，还具有很好的台阶覆盖性，能够在复杂的结构表面以及高深径比的孔内沉积出薄膜，ALD 还有低温沉积的特点，可以应用在有机物和生物医学镀膜中。因此，通过 ALD 技术在 Si_3N_4 薄膜表面沉积 Al_2O_3 薄膜对 Si_3N_4 薄膜表面可以起到保护作用，进一步改善 Si_3N_4 纳米孔噪声较大的问题。

3.4.1　氮化硅表面修饰和氧化铝纳米孔的 ALD 制造与调控

采用 TMA 和水蒸气作为前驱体在 300℃下通过传统热 ALD 技术在 Si_3N_4 薄膜表面沉积不同厚度的 Al_2O_3 薄膜，再使用 FIB 进行减薄后利用 FIB 或者 TEM 加工出 Al_2O_3 纳米孔，其工艺如图 3.34 所示[36]。由于 ALD 技术的高保形性和大面积均匀性，可以使 Si_3N_4 薄膜的正反面都被 Al_2O_3 完全覆盖。

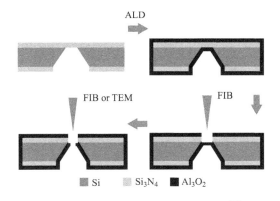

图 3.34　Al_2O_3 纳米孔制造流程示意图[36]

采用 FIB 方式对沉积后的复合薄膜进行减薄加工，以去除多余的 Si_3N_4 和 Al_2O_3，最终进行再加工得到所需 Al_2O_3 纳米孔。在减薄加工过程中，当减薄深度设置为 85nm 时，105nm 厚的 Si_3N_4 薄膜出现被击穿的现象。而在 Si_3N_4 薄膜上沉积 Al_2O_3 之后，如图 3.35（a）所示，加工深度需要设置为 170nm 才会出现薄膜被减薄穿的情况。这说明 Al_2O_3 比 Si_3N_4 材料有着更好的力学性能[37]，更难被 FIB 刻蚀。相似的，为了保证减薄区域的厚度尽量薄以及减薄的成功率，在减薄工艺中设置减薄深度为 160nm。为了表征 ALD 沉积的效果以及 FEB 减薄区域（纳米孔）的材料组成，使用集成于双束电子显微镜系统中的 X-act 能量色散 X 射线光谱仪，对薄膜进行元素分析。借助对样品发出的元素特征 X 射线的波长和强度进行分析，就能实现对样品所含元素以及元素相对含量的判定。如图 3.35（b）所示，沉积 Al_2O_3 后，自支撑薄膜上分别可以检测出硅元素和铝元素，说明 Al_2O_3 已经成功覆盖了 Si_3N_4 薄膜。在使用 FIB 减薄后，同一位置的元素分布图谱如图 3.35（c）所示。对比于减薄前，减薄后铝元素的图谱在减薄区域的颜色只是变深，这说明该区域仍然含有铝元素，只是由于薄膜厚度降低，铝元素的信号强度变弱。而硅元素的图谱在减薄区域显黑色，说明该区域已经基本不含有硅元素，表示 Si_3N_4 已经完全被 FIB 溅射干净。因此根据减薄前后 EDX 对减薄区域的元素分析，可以肯定减薄区域剩余的材料为 Al_2O_3，所以加工出的纳米孔为 Al_2O_3 纳米孔。

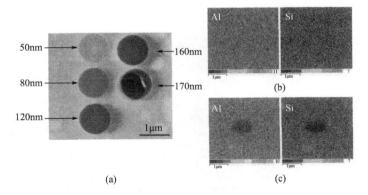

图 3.35　减薄区域 SEM 图（a）、减薄前铝元素和硅元素 EDX 分析结果（b）以及减薄后铝元素和硅元素 EDX 分析结果（c）[36]

3.4.2 氮化硅与氧化铝纳米孔 DNA 分子检测

为了验证不同材料纳米孔传感器用于生物分子检测性能，选择三维尺寸几乎一致的 Si_3N_4 纳米孔（直径 25nm，长度 17nm）和 Al_2O_3 纳米孔（直径 23nm，长度 16.8nm）进行检测实验。

首先对这 2 个纳米孔离子电流信号的背景噪声进行对比。如图 3.36 所示，Al_2O_3 纳米孔检测到的离子电流信号在低频段的背景噪声明显低于 Si_3N_4 纳米孔。该频段的噪声称为 *1/f* 噪声，存在于所有的电路系统中。Cheng 等[38]认为，纳米孔检测实验中 *1/f* 噪声来自于纳米孔壁面电势分布不均匀导致的电场分布不对称。使用 Al_2O_3 层包裹 Si_3N_4 后能够对纳米孔的表面属性（包括表面电荷分布）起到钝化作用，因此 *1/f* 噪声得到了降低。本课题制造出的 Al_2O_3 纳米孔相比较 Si_3N_4 纳米孔也有着更低的 *1/f* 噪声，无疑能够提高纳米孔传感器对待测分子的检测能力。

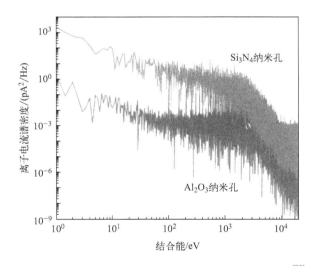

图 3.36 Si_3N_4 和 Al_2O_3 纳米孔离子电流噪声谱密度对比[36]

为了进一步分析，本书分别统计了这两个纳米孔的过孔信号幅值分布和过孔时间分布直方图。如图 3.37 所示，Si_3N_4 纳米孔检测到的过孔信号幅值分布峰值在 1.14nA，而 Al_2O_3 的在 1.20nA。造成这种差异的原因，一方面是可能存在统计误差，另一方面是由于 Al_2O_3 纳米孔的直径小于 Si_3N_4 纳米孔，根据 Kowalczyk 的模型[33]，待测分子的过孔信号幅值会随着纳米孔直径的减小而增大。对比过孔时间发现，DNA 分子通过 Si_3N_4 纳米孔的过孔时间稍稍长于 Al_2O_3 纳米孔。这是由于 Si_3N_4 纳米孔壁面在 pH = 8 的溶液中带负电，双电层内部额外正离子造成的电渗流方向与 DNA 分子运动方向相反，对 DNA 分子的运动有一定的拖拽作用。而 Al_2O_3 壁面则带正电，孔内电渗流方向与 DNA 分子运动方向一致，因此 DNA 分子过孔速度较 Si_3N_4 纳米孔快。总体看来，Si_3N_4 纳米孔和 Al_2O_3 纳米孔在检测信号上的差异非常微弱。但是 Al_2O_3 纳米孔检测到的离子电流信号背景噪声更弱，因此 Al_2O_3 纳米孔相比较 Si_3N_4 纳米孔传感器有着更好的检测性能。

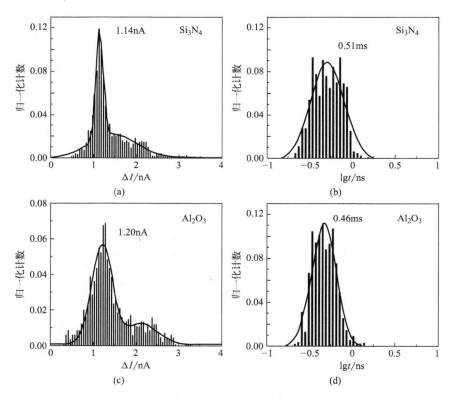

图 3.37　Si_3N_4 纳米孔检测到的过孔信号幅值（a）、过孔时间分布直方图（b）、Al_2O_3 纳米孔检测到的过孔信号幅值（c）以及过孔时间分布直方图（d）[36]

3.5　ALD 应用于 NV 色心量子特性调控

3.5.1　NV 色心简介

　　氮空位（Nitrogen-vacancy，NV）色心是金刚石中存在的一个点缺陷，它是由一个碳原子被一个氮原子取代，而氮原子与相邻的碳空位之间形成一个 NV 色心，其原子结构见图 3.38。

　　NV 色心有两种电荷态：一种是带负电的 NV^-色心，另一种是带电中性的 NV^0 色心。在 532nm 激光激发下 NV 色心发射光谱（见图 3.39）的荧光范围为 637 ~ 750nm；NV^0 色心和 NV^- 色心零声子线的位置分别为 575nm 和 637nm。由于 NV^0 色心的荧光强度比较低，自旋操作比较困难，因此，一般研究的均为带负电的 NV^- 色心。

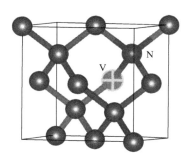

图 3.38　NV 色心结构[39]

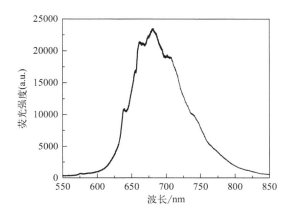

图 3.39　NV 色心发射光谱

　　NV^- 色心的光学特性与电子自旋态密切相关，它的电子能级结构见图 3.40。在 532nm 激光激发下，NV^- 色心的基态三重态（|g>）被光学驱动成一个激发态的三重态（|e>），然后经历辐射衰变回到基态。在整个过程中，电子自旋态（ms=0，±1）守恒；有一部分光子从激发态直接回到基态，这个过程荧光保持不变；然而 ms=±1 激发态有一小部分会先衰减到亚稳态（|s>），然后再回到基态，在这个过

程不产生荧光将导致 NV⁻ 色心荧光降低[39]。

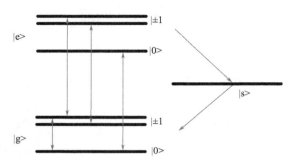

图 3.40　NV 色心的电子能级结构[39]

给 NV⁻ 色心施加不同频率的微波，当微波频率达到 NV⁻ 色心自旋态 ms=0 与 ms=±1 之间的跃迁频率时，NV⁻ 色心会由自旋态 ms=0 跃迁到 ms=±1，从而导致荧光强度降低，进而确定 NV⁻ 色心的电子自旋态。当无磁场时，NV⁻ 色心的基态 ms=±1 与 ms=0 之间的零场劈裂 D=2.87GHz。当有外加磁场时，NV⁻ 色心的 ms=±1 会发生塞曼分裂，变成 ms=+1 和 ms=−1 两个自旋态，分裂宽度为 $2\gamma B$（见图 3.41）。因此，可以获取 NV⁻ 色心所受外界磁场的相关信息。其中，γ 是电子旋磁比，B 是磁场强度[39]。

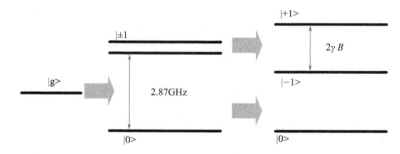

图 3.41　NV⁻ 色心的塞曼分裂示意图[39]

NV⁻ 色心的光子自旋特性严重依赖于外界环境变化，因此，可以通过外在条件的改变实现对 NV⁻ 色心电子自旋特性的调控。其调控手段主要包括：高温处理、酸化、羧基化以及改变 NV⁻ 色心的深度。例如：通过高温处理可以去除金刚石表面的碳杂质，进而提高 NV⁻ 色心的荧光强度；金刚石表面羧化后有利于提高 NV⁻ 色心的荧光强度，并且能够调控 NV⁻ 色心的弛豫时间，实现对化学反应过程中羧基的检测，进而监控化学反应过程的相关变化。目前，使用 NV⁻ 色心作为传感器来检测外部自旋已经被证实，并且发现相干时间和检测到的信号强度都严重依赖于 NV⁻ 色心的深度。鉴于此，NV⁻ 色心深度依赖性质以及不同深度 NV⁻ 色心的制备方法得到了广泛的研究。为了使 NV⁻ 色心更接近金刚石表面，逐步研究其性质的深度依赖性。通过等离子刻蚀技术对大块金刚石进行等离子蚀刻，以精确控制 NV⁻ 色心的深度，实现对 NV⁻ 色心自旋特性的精准调控[52]。虽然，目前调控 NV⁻ 色心光学特性的手段很多，但是，NV⁻ 色心光学特性的调控均是原子级，其操作比较困难，存在技术比较复杂、成本高等问题。

为了实现对 NV⁻ 色心光学特性的原位调控，可以采用 ALD 技术在金刚石表面沉积不同厚度的 MoS_2 薄膜，以改变 NV⁻ 色心的深度，进而实现 NV⁻ 色心自旋特性的调控。对 NV⁻ 色心原位的调控，有利于了解 NV⁻ 色心在不同厚度 MoS_2 薄膜下它的光学特性变化，例如荧光强度、荧光寿命和磁共振光谱等的变化（见图 3.42）。这将有助于 NV⁻ 色心在磁场、温度、生物和量子器件等中的应用，并为 NV⁻ 色心光学特性的调控提供新的方法和依据。

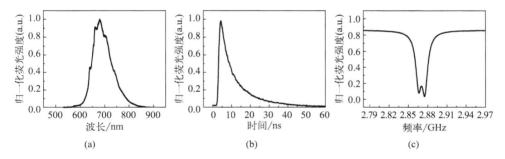

图 3.42 荧光强度（a）、荧光寿命（b）以及磁共振光谱（c）

金刚石 NV⁻ 色心具有优异的光稳定性[40]、独特的室温自旋特性[41]、化学惰性[42]和优异的生物相容性[43]等。同时，利用 NV 色心可以实现对磁场[44]、电场[45]、应力[46]和温度[47]等物理量的测量，并具有高的灵敏度。然而，NV 色心相干时间和检测到的信号强度都严重依赖于 NV 中心的深度[48-52]。因此，通过 ALD 在金刚石表面沉积二维薄膜可以实现对 NV 色心深度的调控和改善 NV 色心的光学自旋特性。

3.5.2 TiO₂ 涂层对 NV 色心光学特性调控

采用 ALD 在金刚石表面直接沉积二维涂层不仅可以提高二维涂层和金刚石之间接触的紧密性，也避免了金刚石表面的损伤。氧化钛在室温下具有非磁性和非荧光性，因此适用于表面涂层。通过 ALD 在纳米尺度上沉积氧化钛可以实现对金刚石 NV⁻ 色心深度的控制，并且提高 NV⁻ 色心的稳定性。

金刚石尺寸为 2mm × 2mm × 0.5mm，其含 NV 色心的深度约为 5nm［见图 3.43（a）］。将金刚石衬底放入 ALD 沉积室中，在其表面沉积氧化钛层（TiₓOᵧ 层，以下简称 TOL）。第一个原子沉积循环是水循环，使羟基离子在金刚石表面被吸收。然后进行第二轮钛沉积，使羟基中的氢离子被钛离子取代。依次重复上述两个循环实现在金刚石表面沉积氧化物层。使用 AFM 测量掩蔽和未掩蔽区域的边界的高度，确定平均 TOL 厚度约为 4nm［见图 3.43（b）］。在图 3.43（c）中，虚线表示 ALD 沉积前的结果，不能得到钛峰；实线表示 ALD 沉积后的结果，在 459eV 左右可以观察到属于 Ti 2p 谱的不同峰，这证明了在金刚石表面成功沉积了氧化物保护层。此外，XPS 光谱［见图 3.43（d）］显示了氧和碳峰的相对强度。氧峰强度相对于

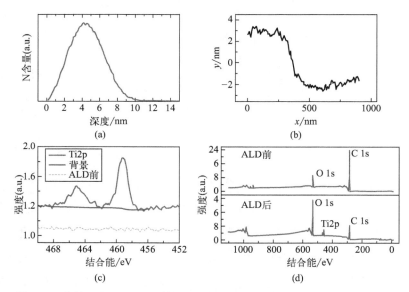

图 3.43　在能量为 2.5 keV 时植入氮原子深度轮廓的 SRIM 模拟（a）、采用 AFM 表征掩蔽和未掩蔽金刚石表面的边界（b）、氧化钛沉积前后金刚石表面的 Ti 2p 窄扫描光谱（c）以及氧化钛沉积前后金刚石表面的 XPS 光谱（d）[53]

碳峰强度显著升高，说明 ALD 后样品表面的主要成分由碳变为氧，即 ALD 确实在金刚石表面沉积了氧化钛。另外，在图 3.43（d）底部的 Ti 峰表明：保护层是由氧化钛组成。

采用 532nm 激光器获得在不同步骤后同一个 NV⁻ 色心的共聚焦荧光强度映射。这个浅层 NV⁻ 色心在未沉积 TOL 之前的光子计数约为 6×10^3cps。沉积 TOL 后，光子计数增加到 1.4×10^4cps，大约是原来的两倍。类似地，所有跟踪到的单个 NV 色心荧光强度显示出一致的变化。荧光强度的增加表明浅层 NV 色心的电荷状态趋于稳定。

沉积 TOL 前后典型单个浅层 NV⁻ 色心的 C 值由 Rabi 振荡［见图 3.44（a）和（b）］获得。沉积后的 C 值（$C=0.31$）高于沉积前的（$C=0.17$），这说明金刚石表面有 TOL 的 NV⁻ 色心电荷状态比较稳定。沉积后的 C 值明显增加，测量 20 个单 NV⁻ 色心的拉比对比度进行统计［见图 3.44（c）和（d）］，其中拉比对比度的扩散可

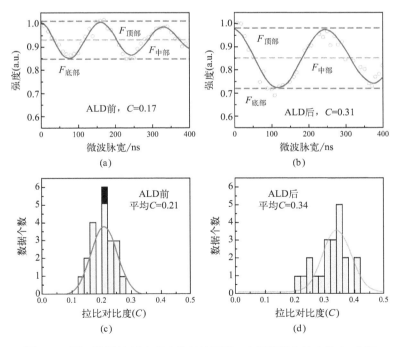

图 3.44 同一浅层单 NV⁻ 色心的拉比振荡：在沉积氧化钛之前（a）和氧化钛沉积后（b）以及所有 20 个测量的浅层单 NV⁻ 色心的拉比振荡对比的统计结果：在沉积氧化钛之前（c）和氧化钛沉积后（d）[53]

以用高斯分布来近似。因此，可以得到沉积 TOL 后所有 NV⁻ 色心的平均 C 值也增加了，与单个中心的结果相对应。因此，通过在表面覆盖氧化钛保护层有效地增强了浅层 NV⁻ 色心电荷状态的稳定性。这种浅层 NV⁻ 色心电荷状态下相当稳定可能有两个原因：一方面，在氧化涂层下表面效应可能降低；另一方面，在 ALD 过程中可以消除注入产生的残留晶格缺陷。综上所述：表面氧化钛涂层降低了外部环境对金刚石界面的影响，从而使浅层 NV⁻ 色心的电荷状态变得稳定。

3.5.3　MoS₂ 薄膜对 NV 色心光学特性调控

目前，二维材料主要是通过福斯特共振能量转移（Förster resonance energy transfer，FRET）的方式实现对 NV⁻ 色心特性的调控。在这个系统里，能量以非辐射的方式从激发态的供体向基态的受体转移。例如：50nm 金膜表面的等离子体效应可以将纳米金刚石 NV⁻ 色心的荧光强度提高 5 ~ 10 倍[54]；利用激光纳米成型技术将石墨烯包裹到金刚石表面能够使石墨烯和 NV⁻ 色心之间的能量转移效率达到 80%[55]；不仅如此，基于石墨烯薄膜与 NV⁻ 色心系统之间的 FRET 已经被应用于高分辨率能量转移显微镜[56]。

MoS₂ 薄膜的吸收光谱（470 ~ 940nm）在 640nm 和 750nm 之间与 NV⁻ 色心的发射光谱重合（见图 3.45）。因此，NV⁻ 色心作为供体和 MoS₂ 薄膜作为受体组成一个 FRET 系统。这证明通过 ALD 在金刚石表面沉积 MoS₂ 薄膜能够实现对 NV⁻ 色心的光学特性调控。

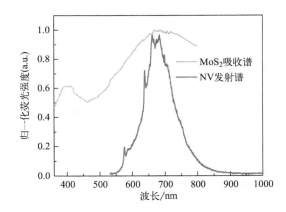

图 3.45　MoS₂ 薄膜的吸收光谱和 NV 色心发射光谱[21]

　　将金刚石溶液旋涂到 Si 基底表面，自然晾干，并放到 ALD 沉积室里面，利用
ALD 技术在其表面沉积 MoS_2。通过 SEM 对金刚石表面形貌进行表征（见图 3.46）。
相比未沉积 MoS_2［见图 3.46（a）］，在金刚石表面沉积 MoS_2 后金刚石表面有片状
的结构存在［见图 3.46（b）］。

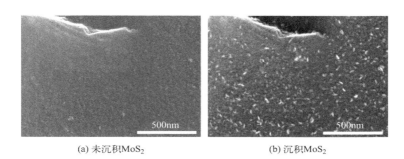

(a) 未沉积MoS_2　　　　　　　　　　　　　(b) 沉积MoS_2

图 3.46　金刚石表面形貌图 [21]

　　同时，通过 EDS 能谱对图 3.47（a）中金刚石表面进行元素分析可知：在选中
的区域里 S 元素为 23.83%（质量分数），Mo 元素为 76.17%（质量分数）。这证明
了金刚石表面的片结构［见图 3.47（b）］为 MoS_2，进一步表明通过 ALD 在金刚石
表面成功生长了 MoS_2 薄膜。

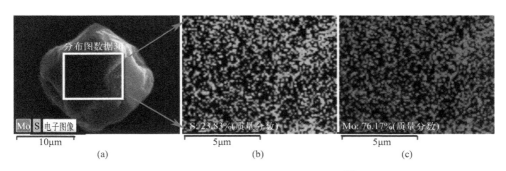

图 3.47　金刚石表面 EDS 元素分析图 [21]

　　为了研究二维 MoS_2 薄膜对金刚石 NV^- 色心荧光发射行为的影响，采用 ALD
在金刚石表面沉积 1 循环 MoS_2 薄膜，并测量了金刚石 NV^- 色心的荧光成像（见
图 3.48）。在 MoS_2 薄膜存在的情况下，由于 NV^- 色心（供体）和 MoS_2 薄膜（受体）
之间发生了 FRET，导致金刚石 NV^- 色心的荧光强度下降［见图 3.48（b）］。能量
转移效率可以通过 NV^- 色心（供体）的荧光强度减少获得，能量转移效率 $E=0.46$。

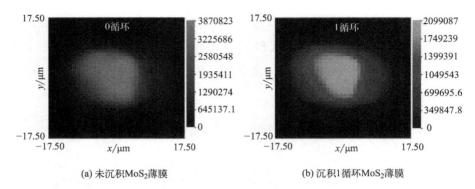

(a) 未沉积MoS₂薄膜　　　　　(b) 沉积1循环MoS₂薄膜

图 3.48　金刚石 NV⁻ 色心荧光成像[21]

基于金刚石 NV⁻ 色心和 MoS₂ 薄膜之间的 FRET 效应，通过改变 ALD 循环次数调控金刚石表面二维 MoS₂ 薄膜厚度以实现 NV⁻ 色心能量转移效率的增强和控制。采用 ALD 在金刚石表面沉积 1 ~ 15 循环 MoS₂ 薄膜，并测量了不同 MoS₂ 薄膜厚度下 NV⁻ 色心的荧光成像，并计算了能量转移效率［见图 3.49（a）］。随着 ALD 循环数的增加，NV⁻ 色心的能量转移效率逐渐提高。当 ALD 循环数大于 7时，NV⁻ 色心能量转移效率约为 86.00%，并基本保持不变。相比 1 循环 MoS₂ 薄膜，在 7 循环 MoS₂ 薄膜下 NV 色心的能量转移约提高 0.76 倍。

为了更好验证 MoS₂ 薄膜对 NV⁻ 色心能量转移效率的影响，随机选取 60 个金刚石颗粒，并在金刚石表面沉积 10 循环 MoS₂ 薄膜。通过测试 NV⁻ 色心荧光成像得出能量转移效率，并做了统计直方图［见图 3.49（b）］。实验结果表明，NV⁻ 色心能量转移效率主要分布在 80% ~ 90% 之间，其平均能量转移效率约为 85.55%。

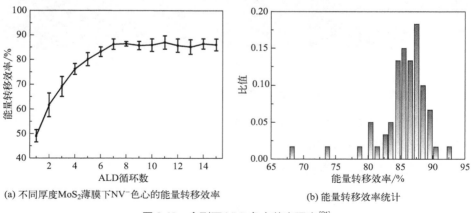

(a) 不同厚度MoS₂薄膜下NV⁻色心的能量转移效率　　　　(b) 能量转移效率统计

图 3.49　金刚石 NV⁻ 色心荧光强度[21]

　　除了荧光强度之外，能量转移效率也可以通过测量 NV¯ 色心荧光寿命的减少来获得。因此，测量了在 0、60、120 和 180 循环 MoS₂ 薄膜下 NV¯ 色心荧光寿命，并使用一个单指数函数衰减函数来拟合数据［见图 3.50（a）］。在 0、60、120 和 180 循环 MoS₂ 薄膜存在时，金刚石 NV¯ 色心的荧光寿命分别为 10.36ns、7.67ns、5.18ns 和 3.10ns。相比 0 循环 MoS₂ 薄膜，在 180 循环 MoS₂ 薄膜存在时 NV¯ 色心的荧光寿命减少了 7.26ns。这表明 MoS₂ 薄膜（受体）为 NV¯ 色心（供体）提供了一个新的额外的衰减通道[57]。NV¯ 色心和 180 循环 MoS₂ 薄膜之间的能量转移效率为 70.8%，这和通过荧光强度计算的能量转移效率存在一定的差异。这主要归因于 ALD 沉积的薄膜厚度不均匀。在金刚石表面生长的片状 MoS₂ 薄膜的尺寸也不一致［见图 3.50（b）］，这反映出金刚石表面 MoS₂ 薄膜的厚度不均匀，进而影响测试区域内整体的荧光寿命。

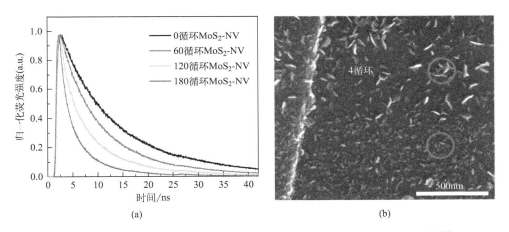

（a）　　　　　　　　　　　　　　（b）

图 3.50　NV¯ 色心荧光寿命（a）和金刚石表面沉积 MoS₂ 薄膜的形貌（b）[21]

参考文献

[1]　Tai G, Wei D, Su M, et al. Force–sensitive interface engineering in flexible pressure sensors: a review. Sensors (Basel, Switzerland), 2022,22(7): 2652.

[2]　Wang G, Li C, Estevez D, et al. Boosting interfacial polarization through heterointerface engineering in MXene/Grapheneintercalated–based microspheres for electromagnetic wave absorption. Nano–Micro Letter, 2023,15(1): 152.

[3]   Jiao S, Liu L, Wang J, et al. A novel biosensor based on molybdenum disulfide (MoS$_2$) modified porous anodic aluminum oxide nanochannels for ultrasensitive microRNA−155 detection. Small, 2020,16(28): 2001223.

[4]   Gao Z, Qin Y. Design and properties of confined nanocatalysts by atomic layer deposition. Accounts of Chemical Research, 2017,50(9): 2309−2316.

[5]   Yang H, Waldman R Z, Chen Z, et al. Atomic layer deposition for membrane interface engineering. Nanoscale, 2018, 10, 20505.

[6]   Wu F, Zhou L, Guo D, et al. Efficient modulation of electrocatalyst interfaces by atomic layer deposition: fundamentals to application. Advanced Energy and Sustainability Research, 2022,3(7): 2200026.

[7]   Kim H, Lee H, Maeng W J. Applications of atomic layer deposition to nanofabrication and emerging nanodevices. Thin Solid Films, 2009,517(8): 2563−2580.

[8]   Pal N, Chakraborty D, Cho E, et al. Recent developments on the catalytic and biosensing applications of porous nanomaterials. Nanomaterials (Basel, Switzerland), 2023,13(15): 2184.

[9]   Marichy C, Bechelany M, Pinna N. Atomic layer deposition of nanostructured materials for energy and environmental applications. Advanced Materials, 2012,24(8): 1017−1032.

[10]   Cao S, Zhang Z, Liao Q, et al. Interface engineering for high−performance photoelectrochemical cells via atomic layer deposition technique. Energy Technology, 2021,9(2): 2000819.

[11]   Liu X, Jia S, Yang M, et al. Activation of subnanometric Pt on Cu−modified CeO$_2$ via redox−coupled atomic layer deposition for CO oxidation. Nature Communications. 2020, 11, 4240.

[12]   Brinker C J, Scherer G W, Sol−Gel Science. San Diego: Academic Press, 1990.

[13]   Powell Q H, Fotou G P, Kodas T T, et al. Gas−phase coating of TiO$_2$ with SiO$_2$ in a continuous flow hot−wall aerosol reactor. Journal of Materials Research, 1997,12(2): 552−559.

[14]   Longrie D, Deduytsche D, Detavernier C. Reactor concepts for atomic layer deposition on agitated particles: a review. Journal of Vacuum Science & Technology. A, Vacuum, Surfaces, and Films, 2014,32(1) 010802.

[15]   Sheng J, Lee J, Choi W, et al. Review Article: Atomic layer deposition for oxide semiconductor thin film transistors: advances in research and development. Journal of Vacuum Science & Technology. A: Vacuum, Surfaces, and Films, 2018: 36, 060801.

[16]   Sneh O, Clark−Phelps R B, Londergan A R, et al. Thin film atomic layer deposition equipment for semiconductor processing. Thin Solid Films, 2002,402(1): 248−261.

[17]   黄亚洲 . 基于 ALD 的二硫化钼薄膜的可控制造、相关性能及器件构筑研究 . 南京：东南大学 , 2018.

[18]   高荣凯 . 二硫化钼的 ALD 可控制备和摩擦性能测试 . 南京：东南大学 , 2022.

[19]   杨俊杰 . 基于原子层沉积的二硫化钼可控构筑及其吸波特性调控研究 . 南京：东南大学 , 2022.

[20]   万一枝 . MXene 基复合薄膜的设计制备及其电磁屏蔽性能研究 . 南京：东南大学 , 2023.

[21] Zeng S S, Xing Y Q, Wu Z, et al. Enhanced energy transfer between Nitrogen−Vacancy centers and 2D MoS₂ films accurately fabricated by atomic layer deposition. Advanced Optical Materials, 2023,11(15): 2203105.

[22] Gurarslan A, Yu Y, Su L, et al. Surface−energy−assisted perfect transfer of centimeter−scale monolayer and few−layer MoS₂ films onto arbitrary substrates. ACS Nano, 2014, 8(11): 11522−11528.

[23] Tan L K, Liu B, Teng J H, et al. Atomic layer deposition of a MoS₂ film. Nanoscale, 2014, 6(22): 14002−14002.

[24] Robinson B J, Kay N D, Kolosov O V. Nanoscale interfacial interactions of graphene with polar and nonpolar liquids. Langmuir, 2013, 29(25): 7735−7742.

[25] Zhang Y, Zhang L Y, Zhou C W. Review of chemical vapor deposition of graphene and related applications. Accounts of Chemical Research, 2013, 46(10): 2329−2339.

[26] Munoz R, Gomez−Aleixandre C. Review of cvdsynthesis of graphene. Chemical Vapor Deposition, 2013, 19(10−12): 297−322.

[27] Kwok D Y, Neumann A W. Contact angle interpretation in terms of solid surface tension. Colloids and Surfaces A−physicochemical and Engineering Aspects, 2000, 161(1): 31−48.

[28] Wang S R, Zhang Y, Abidi N, et al. Wettability and surface free energy of graphene films. Langmuir, 2009, 25(18): 11078−11081.

[29] Butt H J, Cappella B, Kappl M. Force measurements with the atomic force microscope: technique, interpretation and applications. Surface Science Reports, 2005, 59(1−6): 1−152.

[30] Flater E E, Ashurst W R,Carpick R W. Nanotribology of octadecyltrichlorosilane monolayers and silicon: self−mated versus unmated interfaces and local packing density effects. Langmuir, 2007, 23(18): 9242−9252.

[31] Sengupta A, Rao B V B, Sharma N, et al. Comparative evaluation of MAX, MXene, nanomax, and nanomax−derived−MXene for microwave absorption and li ion battery anode applications. Nanoscale, 2020, 12(15): 8466−8476.

[32] Dai Y, Wu X Y, Liu Z S, et al. Highly sensitive, robust and anisotropic MXene aerogels for efficient broadband microwave absorption. Compos Pt B−Eng, 2020, 200: 108263.

[33] Cao W, Chen F, Zhu Y, et al. Binary strengthening and toughening of MXene/cellulose nanofiber composite paper with nacre−inspired structure and superior electromagnetic interference shielding properties. ACS Nano, 2018, 12(5): 4583−4593.

[34] Datt G, Kotabage C, Datar S, et al. Correlation between the magnetic−microstructure and microwave mitigation ability of MxCo(1−x)Fe₂O₄ based ferrite−carbon black/PVA composites. Physical Chemistry Chemical Physics, 2018, 20(41): 26431−26442.

[35] Datt G, Kotabage C, Abhyankar A C. Ferromagnetic resonance of NiCoFe₂O₄ nanoparticles and microwave absorption properties of flexible NiCoFe₂O₄−carbon black/poly (vinyl alcohol) composites. Physical Chemistry Chemical Physics, 2017, 19(31): 20699−20712.

[36] 章寅. 固态纳米孔单分子传感器设计制造及关键技术研究. 南京：东南大学, 2018.

[37] Kowalczyk S W, Grosberg A Y, Rabin Y, et al. Modeling the conductance and DNA blockade of solid-state nanopores. Nanotechnology, 2011, 22(31): 315101.

[38] Chen P, Mitsui T, Farmer D B, et al. Atomic Layer Deposition to Fine-Tune the Surface Properties and Diameters of Fabricated Nanopores. Nano Letters, 2004, 4(7):1333-1337.

[39] 郝鑫, 尹思宇, 张宗达, 等. 金刚石 NV 色心的制备及应用（特邀）. 光电技术应用, 2022,37(01): 1-9.

[40] Treussart F, Jacques V, Wu E, et al. Photoluminescence of single colour defects in 50 nm diamond nanocrystals. Physica B-Condensed Matter, 2006, 376(1): 926-929.

[41] Doherty M W, Manson N B, Delaney P, et al. The nitrogen-vacancy colourcentre in diamond. Physics Reports- Review Section of Physics Letters, 2013, 528(1): 1-45.

[42] Mochalin V N, Shenderova O, Ho D, et al. The properties and applications of nanodiamonds. Nature Nanotechnology, 2012, 7(1): 11-23.

[43] Van der Laan K J, Hasani M, Zheng T T, et al. Nanodiamonds for In Vivo Applications. Small, 2018, 14(19): 1703838.

[44] Hahl F A, Lindner L, Vidal X, et al. Magnetic-Field-Dependent Stimulated Emission from Nitrogen-Vacancy Centres in Diamond. Science Advances, 2022, 8(22): eabn7192.

[45] Dolde F, Fedder H, Doherty M W, et al. Electric-field sensing using single diamond spins. Nature Physics, 2011, 7(6): 459-463.

[46] Ovartchaiyapong P, Lee K W, Myers B A, et al. Dynamic strain-mediated coupling of a single diamond spin to a mechanical resonator. Nature Communications, 2014, 5: 4429.

[47] Bao Y T, Xu S J, Ren Z Y, et al. Thermal behaviors of the sharp zero-phonon luminescence lines of NV center in diamond. Journal of Luminescence, 2021, 236: 118081.

[48] Grinolds M S, Hong S, Maletinsky P, et al. Nanoscale magnetic imaging of a single electron spin under ambient conditions. Nature Physics, 2013, 9(4): 215-219.

[49] Rugar D, Mamin H J, Sherwood M H, et al. Proton magnetic resonance imaging with a nitrogen-vacancy spin sensor. Nature Nanotechnology, 2015, 10(2): 120-124.

[50] Haeberle T, Schmid-Lorch D, Reinhard F, et al. Nanoscale nuclear magnetic imaging with chemical contrast. Nature Nanotechnoloy, 2015, 10(2): 125-128.

[51] Myers B A, Das A, Dartiailh M C, et al. Probing Surface Noise with Depth-Calibrated Spins in Diamond. Physical Review Letters, 2014, 113(2): 027602.

[52] Wang J F, Zhang W L, Zhang J, et al. Coherence times of precise depth controlled NV centers in diamond. Nanoscale, 2016, 8(10): 5780-5785.

[53] Zhang W L, Lou LR, Zhu W, et al. Enhancing fluorescence of shallow nitrogen-vacancy centers in diamond by surface coating with titanium oxide layers. Chinese Journal of Chemical Physics, 2019, 32(05): 521-524.

[54] Chi Y Z, Chen G X, Jelezko F, et al. Enhanced photoluminescence of single-photon emitters in nanodiamonds on a gold film. IEEE Photonics Technology Letters, 2011, 23(6):374-376.

[55]　Liu J, Hu Y W, Kumar P, et al. Enhanced energy transfer from nitrogen−vacancy centers to three−dimensional graphene heterostructures by laser nanoshaping. Advanced Optical Materials, 2021, 9(23):2001830.

[56]　Tisler J, Oeckinghaus T, Stoehr R J, et al. Single defect center scanning near−field fptical microscopy on graphene. Nano Letters, 2013, 13(7):3152−3156.

[57]　Faridi A, Asgari R. Many−body exchange−correlation effects in MoS_2 monolayer: The key role of nonlocal dielectric screening. Physical Review B, 2020, 102(8):085425.

4

ALD 应用于表面
增强拉曼散射调控

4.1 表面增强拉曼散射（SERS）概述

拉曼光谱本质是一种利用被照射物质的散射光来提供分子转动和振动的特定信息光谱。通常来说，入射光照射到物质上会进行弹性和非弹性散射。弹性散射是指与入射光频率相同的散射光（瑞利散射线），非弹性散射是指与入射光频率不同的散射光，其中频率不同的散射光也称为拉曼[1~4]。假设入射光的频率是 u_0，大拉曼光谱（反斯托克斯线）是在散射光谱中 u_0+u_1 的部分，小拉曼光谱（斯托克斯线）是 u_0-u_1 的部分[5]。

一般说来，拉曼光的强度只有入射光的 10^{-6}，其中有入射光 10^{-3} 的部分是瑞利散射光。对于反斯托克斯线来说，斯托克斯线的强度拥有 10^3 的放大功能，所以在实际测量中，一般选取斯托克斯线作为特征清晰信号进行检测和分析[6,7]。

C. V. Raman 这一获得诺贝尔物理学奖的印度科研人员就是凭借对拉曼光谱技术的发现和运用而成功享誉世界，拉曼技术运用的是被照射物质激发的散射光的光谱位移，也可以说是散射光与入射光的频率差的特征效应。这一频率差是由物质自身分子的转动或者振动产生的。即在测试过程中，入射光子在被检测物质表面激发分子进行一定特定频率的振动和转动。这些特定分子的转动和振动反映在拉曼光谱中是在特定位置具有尖锐峰，峰强的位置只与特定分子化学键能级的转动和振动有关，与激发光的照射时间、强度、频率和入射光高低等外界条件没有任何关系[8]。同时，生物的活性并不会与光子产生反应而改变物化性质。值得一提的是，因为水也具有透明介质的特性，相比于其他传统技术来讲，水溶液中样品的拉曼光谱检测也具有准确度较高的特点。由于激发光需要聚焦在直径 100nm 左右的光斑范围，所以样品适用于微量或痕量物质的超灵敏检测，这可解决部分样品成本高昂、制备困难的问题[9]。

拉曼位移（Raman shift）作为拉曼光谱图中的横坐标，表示的是入射光和散射光之间的频率差值的倒数，用单位 cm⁻¹ 来表示。在入射光激发的光电子与物质进行碰撞后，不同的特征分子会显示出不同的振动和转动特性，从而引起特征峰的位移的变化。利用这一点，拉曼光谱又被称为指纹谱，能对样品进行准确的定性分析[10]。

表面增强拉曼技术的发展离不开 Fleischmann 等英国科学家在 1974 年获得的成功的实验现象，首先，将吡啶分子附着在粗糙的银电极之上，然后对其进行表面的拉曼强度分析。之后他们对银电极表面进行了多次氧化还原处理，实验证明，信号被再次显著地放大[11]。但是，他们对这一实验现象的解释却只是说，在银电极表面因为更大的表面积而能附着上更多的吡啶分子导致信号数量级增强。直到 1977 年，Creighton 等[12]对粗糙银电极拉曼信号增强实验重新进行系统研究和计算，结果表明，粗糙金属表面吡啶分子的信号强度为普通拉曼信号强度的 10^6 倍。经过进一步研究，研究人员将这种情况称为表面增强拉曼散射（surface-enhanced Raman scattering，SERS），这种增强技术可以实现单分子灵敏度检测[13]。

SERS 增强机制的研究与讨论至今仍在进行中。其中，电磁增强和化学增强及其协同作用被认为是主要的实现方式[14]。

电磁增强机制的 SERS 是一种结合了光－金属和光－分子的双增强过程[15]。当入射光照射在金属表面，光电子引起金属表面的纳米结构区域的电子也跟之振动起来。在这个过程中，激发光的频率和金属表面电子振动的频率一致时，就会发生表面等离子共振（surface plasmon resonance，SPR）。谐振频率取决于尺寸、形状，其中集体共振可以在金属表面某个高度集中的区域发生，这又被称为局域表面等离子体共振（localized surface plasmon resonance，LSPR），特别是金、银、铜等贵金属表面受到激光照射易发生此类共振现象，能引起表面金属共振的粒子又称为等离子纳米粒子（plasmon nanoparticles，PNP），在其上形成的共振强度可以导致 2～5 个数量级的局部电磁场增强。其中，分子与纳米颗粒表面的距离是获得巨大信号增强的关键。

SERS 过程可以理解为两个增强过程，首先是要把目标待测分子置放于等离子纳米粒子的中间，第一步是由局部场（近场）产生在 PNP 周围的增强效果，激发光强度 E_0 受到一个 G_1 因子的强度增加，这里 G_1 是纳米粒子表面局域电磁场增强因子。在第二步中，PNP 用作传输散射光的中间介质，以传输纳米粒子表面的经过第一步增强的拉曼信号，即发射一个经过二次放大的拉曼信号到远端被测试和分析。发射信号与拉曼局部电场增强成正比，发射增强因子用 G_2 表示，总 SERS 增强取决于 $(G_1G_2)^2$。最佳的 SERS 增强要求在激发和发射波长与金属纳米结构的等离子体峰之间保持微妙的平衡。当波长的入射激光和斯托克斯拉曼散射信号接近彼此，G_1 等于 G_2 时，SERS 增强的信号最为合适，此时是入射光强度的 4 倍左右。

因为局部电场的强度取决于分子与金属表面的距离 R，其中电磁场强度 $E(R) \propto (1+r/a)^{-3}$，这里 r 是与纳米粒子表面的垂直距离，a 是纳米粒子的直径。随着距离纳米粒子表面越远，电磁场强度急剧下降。因此，将目标分子锚定在纳米颗粒表面是 SERS 检测发展的关键之一。例如，通过静电和疏水的相互作用，可以在银表面涂覆一层单层膜，以富集膜附近的目标分子。或者利用共价键、氢键、离子键等将分子和基底表面进行更稳定和密集的连接，这也能大幅提高 SERS 信号。

对于化学增强，其主要机制是基底与分子之间的电荷转移[16]。化学增强是一种短程效应，目标分子必须与基底直接接触。其中，半导体材料在费米能级附近具有丰富的态密度，是理想的无等离子体 SERS 基底，半导体二维薄膜中的缺陷、层间距、相变和厚度都会直接影响衬底与分子之间的电子转移。Song 等发现，二维薄膜 NbS_2 相的组成随着厚度的改变而改变，从而导致态密度在费米能级附近发生变化。其中，薄的 NbS_2 主要处于 2H 相，而厚的 NbS_2 含有较多的 3R 相。密度泛函理论计算表明，在费米能级附近 2H 相与 3R 相比，具有更丰富的态密度。因此，2H 相 NbS_2 的拉曼增强效果要优于 3R 相 NbS_2，表明费米能级附近丰富的态密度有利于加快基底与分子之间的电子转移，从而增强拉曼信号。需要注意的是，电磁增强在 SERS 中占据主导地位，化学增强在 SERS 中仅仅贡献 1 ~ 3 个数量级。因此，构筑具有大量等离子体的金属纳米结构是推进 SERS 应用的关键。

SERS 在化学中的应用主要集中在对环境污染物、农药残留物、气体等方面的检测，而 SERS 由于其极高的灵敏度和分子识别的专一性等特点，在化学检测中发挥了重要的作用[17]。Yang 等[18]通过将 MXene 引入具有三维可转移 SERS 衬底的微型流体气体传感器中，演示了一种具有多重检测能力和高灵敏度的强大气体传感器。MXene 的应用使传感器对各种气体具有普遍的高吸附效率，而在复杂的纳米微结构中产生的原位气体漩涡延长了分子在 SERS 活性区的停留时间，这两者都导致了灵敏度的提高。通过采用经典的最小二乘法分析（classic least-square analysis，CLS），揭示混合气体的详细成分，平均精度可达 90.6%。在此基础上，开发了彩色条码，可以直观地读出样品的复杂成分。该传感器对三种典型挥发性有机物的检测限达到 10 ~ 50ppb（part per billion，十亿分之一）。

由于 SERS 对特定物质具有指纹峰的特异性优势，在实际运用中，已经在农业、化工、环境、生物等领域具有灵敏和准确的检测性能。其中，值得现阶段十分密切关注的是 SERS 对生物分子的检测，生物分子种类繁多，有如蛋白质、葡萄糖、脂质、维生素等。这些生物分子在体内的表达水平异常是身体某些疾病发出的信号，所以开发快速、灵敏、简单和准确的检测方法具有十分重要的意义[19]。传统的检测方法，例如电化学、气相色谱法、紫外分光计法等，一般都需要较长的检测时间或者复杂的检测步骤。在实际运用中，仍需探索一种更简便、快速和准确的方法。表面增强拉曼技术的超快响应和超灵敏性，对痕量的生物分子具有十分明显的检测结果，导致其受到越来越广泛的实际运用的关注。其中，生物分子的检测的关键就是制备响应更快、信号更强的巧妙的基底材料。Lee 等[20]利用电化学表面增强拉曼光谱，开发了单功能化的金纳米粒子和单个 RNA 副本，用于MicroRNA-155 的超灵敏检测，检测极限为 60aM（M 为体积摩尔浓度，即 mol/L）。

SERS 技术应用的关键是高灵敏活性基底的制备。由于电磁增强在 SERS 中起着决定性作用，因此研究人员制备了大量含贵金属的 SERS 基底，研究贵金属形貌、尺寸、颗粒分布对性能的影响。研究发现，这些贵金属纳米结构中，锐利的尖端或者小于 10nm 的间隙是强局域电场产生的区域，这些区域也被称为"热点"。因此，SERS 活性基底构筑的关键就是制备含有大量高活性的"热点"。理想的SERS 基底应该具备以下几个特点：

① SERS 基底应具有大量高活性热点，数量众多的热点能够保证待测分子落入热点的概率，而高活性可以保证热点的增强效果；

② SERS 基底应该具备高度的均匀性和信号稳定性；

③ SERS 基底的制备过程应该是简单且可重复的。

为了得到具备这些特点的 SERS 基底，从制备方法上可以分为自组装、光刻技术、模板法、纳米转移等技术。

SERS 活性基底的构筑方法主要包括：

（1）自组装技术

纳米间隙等离子体结构直接决定 SERS 增强效果，功能性纳米材料自组装成有序的超结构可以使新的纳米结构展现出极佳的等离子体特性。自组装技术能够将单个的纳米颗粒组装成各种结构而不需要复杂的设备，是制备 SERS 基底最常用的方法。通常而言，纳米颗粒不会在稀悬浮液中自发自组装成有序阵列，主要是因为相对较弱的颗粒间力，纳米颗粒的自组装仅在颗粒彼此接近足够近的情况下发生。因此，在组装之前，纳米颗粒需要进行预浓缩过程，以便颗粒足够接近。自组装过程可以概述为：通过溶液蒸发或其他作用，形成局部浓缩，纳米颗粒被驱动彼此接近，以将颗粒间距离减小到数十纳米，并形成亚稳态。当颗粒足够接近时，自组装被触发，并最终自组装成为密堆积阵列[21]。

（2）光刻技术

将化学合成的纳米粒子组装到固体衬底上是制备 SERS 基底的常用方法，然而，由于 SERS 增强对间隙距离敏感，自组装方法通常难以精确控制间隙距离，导致 SERS 基底的均匀性较低。光刻技术作为典型的微结构加工技术，具有高度可重复性和间隙精准控制的优势，其主要是在激光作用下，借助光刻胶将掩模板上的图案转移到基板上的技术。通过高精度光刻技术（如电子束光刻和聚焦离子束），可以制备含有大量热点且均匀的 SERS 基底[22]。

（3）纳米转移技术

纳米转移技术的总体思路为"先制备，后转移"，即先制备纳米单体，然后再进行转移，重复进行此过程以制备微纳米等离子体结构。从这个意义上说，纳米转移打印可能是一个更实际的解决方案，可控制地构建三维纳米结构。纳米复合材料技术通常包括纳米弹性体复制品的制备、功能材料的沉积和功能纳米结构的转移等几个步骤，这些纳米结构可通过接触所述接收基板表面的模具而转移到其他基板上[23]。

构筑高活性 SERS 基底是 SERS 研究的热点和难点，其主要难点在于如何构筑数量众多、多维度的热点，且该 SERS 基底能够将待测分子捕获到最"热"热点[24]。尽管自组装技术、光刻技术和纳米转移技术已经被成功应用于 SERS 活性基底的制备并展现出各自的优势，然而，这些技术在纳米间隙的可重复制备、10nm 以下间隙的精准控制、大规模商业化应用等方面依然有所局限，需要将新的微纳制造技术应用于 SERS 高活性基底的制造。

ALD 技术是一种重要的薄膜生长手段，其最大的特点是"自下而上"式逐层生长材料[25, 26]。这种特殊的生长模式主要来源于自限制性化学反应，ALD 将一个完整的化学反应拆分为两个半反应，可以中断按时间顺序进行的化学反应。每个半反应只有在活性位点消耗殆尽时，反应才会终止；当新的源通入时，下个半反应又会继续进行，自此，一个完整的化学反应才结束。理论上，在原子层沉积期间，通过控制循环数可以获得任意原子层下的二维薄膜。由于自限制性反应，ALD 不仅可以将膜的厚度控制在原子级，而且即使生长基底具有复杂的腔体、曲面等结构，也可以实现良好且均匀的包覆性。此外，由于 ALD 每个半反应对过量的前驱体不敏感，所以 ALD 技术具有很高的复现性。

对于 ALD 技术，其极佳的保形性利于构筑特殊的曲面结构，这对于 SERS 中高电荷密度的热点区域的形成至关重要；ALD 逐层精准制造的特点对于 10nm 以下间隙的精准控制具有明显的优势；ALD 独特的自限制反应使得 SERS 活性基底的制造可重复，对推进 SERS 传感器的大规模商业化应用具有重要的现实意义。基于此，本书基于 ALD 技术构筑高活性 SERS 基底，以精确控制金颗粒的纳米间隙。

4.2 SERS 传感器热点的 ALD 制造与调控

4.2.1 SERS 热点的可控制造

（1）CdS/MoS$_2$@AuNPs 的制备

近年来，SERS 技术已广泛应用于生物检测、化学、医学等领域。其中，三维纳米阵列的制备一直是研究的重点，这是因为该类 SERS 基底所含热点数量多且分布均匀，SERS 检测呈现良好的灵敏度和稳定性。多孔阳极氧化铝（anodic aluminum oxide，AAO）是由铝在酸性电解液中阳极氧化得到的，由于其独特的纳米孔阵列结构，AAO 可以作为制备各种功能器件的起始材料，如过滤器、传感器和数据存储设备。这种材料的一个重要特点是在适当的阳极氧化条件下可以得到高度有序的孔阵列结构，是制备纳米阵列的优质模板。一般而言，AAO 的几何结构，即孔间距、孔径和孔深，可通过调节阳极氧化条件来控制。然而，纳米孔孔径大小难以做到连续可调，如何在 AAO 模板的基础上连续调整纳米阵列的结构尺寸是一个非常重要的课题。ALD 技术由于其独特的反应原理，通过不同的 ALD 循环次数可实现薄膜厚度的精确控制。此外，ALD 技术制备的薄膜高度均匀，甚至是在特殊结构（包括曲面和沟槽）的基底上，这是化学气相沉积、溅射和热蒸发等制备方法所不具备的。本节基于 AAO 模板，采用牺牲模板策略，利用 ALD 技术制备高活性纳米阵列 CdS/MoS$_2$@AuNPs，并对其进行相关表征。

ALD 制备纳米阵列 CdS/MoS$_2$@AuNPs 主要用于实现金颗粒尺寸和纳米柱间隙的调控，具体过程如图 4.1 所示。

① CdS 纳米阵列的制备：首先，将双通 AAO 模板依次用丙酮、乙醇和去离子水清洗 20min，然后在室温下干燥备用。利用热蒸镀设备，在 AAO 表面，依次完全蒸镀 60mg 镍丝和 300mg 金颗粒，金属蒸发速率为 3Å/s。其中，镍薄膜作为黏附层，金颗粒在其表面形成连续的金属薄膜，该金属薄膜既可以作为 CdS 纳米阵列的基底，又可以作为后续电沉积的电极。其次，配制电化学沉积液。将 CdCl$_2$ 和 S 粉依次加入二甲基亚砜（DMSO）中，其中，CdCl$_2$ 浓度为 0.02M，S 粉浓度为 0.05M，将上述混合溶液在 85℃的水浴锅内充分搅拌，直至完全溶解。需要注意的是，加热搅拌过程中，DMSO 易挥发，所以本操作过程需要在通风柜中进行。最后，将 AAO（蒸镀有金属的一面）黏附在铝胶带上，将铝片固定在电化学工作夹上，作为工作电极，饱和甘汞作为参比电极，铂丝作为对电极，进行电化学沉积制备 CdS 纳米阵列。电沉积液放在恒温水浴锅中，温度为 85℃，采用 I–t 模式，沉积时间设置为 30min，沉积电位设置为 −2.5V。待沉积完成后，将 AAO/CdS 用去离子水反复漂洗以去除电化学沉积液。之后将 AAO/CdS 转移至铜胶带上，放入 NaOH 溶液（6M）中，室温下刻蚀 24h 以去除 AAO 模板。刻蚀完成后，用去离子水反复清洗溶液至中性，在室温下干燥备用。

② CdS/MoS$_2$ 纳米阵列的制备：首先，使用氧等离子体机器对 CdS 纳米阵列（位于铜胶带上）处理 5min 以增加 CdS 纳米阵列表面的羟基密度，丰富的羟基能够为第一层 MoS$_2$ 的生长提供活性位点。其次，使用商用 ALD 设备在 CdS 纳米阵列上生长 MoS$_2$。一个完整的 ALD 循环中，MoCl$_5$、N$_2$、H$_2$S、N$_2$ 依次交替通入腔体中，脉冲时间依次为 5s、55s、2s、58s，沉积温度为 460℃，N$_2$ 流量为 50sccm，用于吹扫和带走多余的前驱体。通过设置不同的循环数，以实现不同厚度 MoS$_2$ 的生长。

③ CdS/MoS$_2$@AuNPs 纳米阵列的制备：首先，将 1g 的 HAuCl$_4$ 分散到 400mL 去离子水并超声 20min 以获得质量分数为 0.25% 的氯金酸溶液。其次，采用传统的三电极体系并以质量分数为 0.25% 的氯金酸溶液作为沉积液在 CdS/MoS$_2$ 表面（固定在铜胶带上）电沉积生长 AuNPs。CdS/MoS$_2$ 作为工作电极，饱和甘汞作为

参比电极，铂丝作为对电极，模式为 I-t，电压为 −0.2V。通过设置不同的电沉积时间来调控 AuNPs 粒径尺寸。沉积完成后，用去离子水反复冲洗并在室温下干燥。

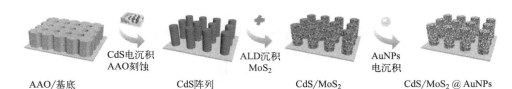

CdS电沉积 AAO刻蚀   ALD沉积 MoS₂   AuNPs 电沉积

AAO/基底   CdS阵列   CdS/MoS₂   CdS/MoS₂@AuNPs

图 4.1 纳米阵列 CdS/MoS$_2$@AuNPs 制造示意图

（2）CdS/MoS$_2$@AuNPs 的表征分析

作为 SERS "热点" 调控的载体，AAO 模板孔径大小一致且分布均匀是纳米阵列有序生长的基础。从扫描电子显微镜图片可以看出，AAO 的纳米通道是整齐而规则的［见图 4.2（a）］。经过 30min 电化学沉积和刻蚀后，AAO 模板被完全移除，得到高度有序的 CdS 纳米柱阵列，纳米柱表面光洁且呈现良好的圆柱形状［见图 4.2（b）］。随着 ALD 过程的进行，表面开始变得褶皱，MoS$_2$ 均匀地包覆在纳米柱 CdS 表面［见图 4.2（c）］。ALD 沉积 MoS$_2$ 过后，纳米阵列依然为圆柱状，这主要得益于 ALD 良好的保形性。同时，MoS$_2$ 均匀地包覆在纳米柱上，纳米柱 CdS/MoS$_2$ 在高度方向也是均匀的。另外，MoS$_2$ 丰富的比表面积为 AuNPs 提供了大量的成核位点，AuNPs 更容易在纳米片层上成核并进行生长［见图 4.2（d）］，这对于后续高增强效果的热点的形成至关重要。综上而言，纳米柱的构筑主要和模板 AAO 结构尺寸、电沉积时间、ALD 沉积 MoS$_2$ 的循环数相关，通过保证纳米柱生长参数的唯一性和 ALD 生长薄膜的保形性优势，从而保证纳米柱形貌在高度方向的一致性，最终通过三维 SERS 热点的可控构筑进而实现 "热点" 的精细构筑。

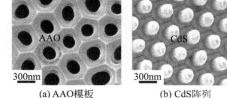
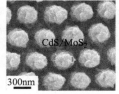

（a）AAO模板   （b）CdS阵列   （c）CdS/MoS₂阵列   （d）CdS/MoS₂@AuNPs

图 4.2 不同材料的 SEM 图像

电沉积制备的 CdS 在 299cm^{-1} 和 599cm^{-1} 附近可观察到 2 个拉曼峰［见图 4.3

（a）], 分别对应于一阶（1LO）和二阶（2LO）两种光学声子振动模式, 表明 CdS 样品的成功制备。经过 ALD 工艺, 样品在 382cm^{-1} 和 405cm^{-1} 附近出现两个新的特征峰, 分别对应 MoS$_2$ 面内振动（E_{2g}^1）与面间振动（A_{1g}）两种振动模式。另外, 相较于 CdS 样品, CdS/MoS$_2$ 样品中的 CdS 拉曼半峰宽较窄, 表明 CdS 的结晶度较高, 这可能是因为 MoS$_2$ 生长过程中的高温环境（460℃）。在电沉积 AuHCl$_4$ 后其相应的特征峰强度更高, 这主要归因于 AuNPs 的引入对样品本身有着等离子体增强的作用, 进而增强拉曼信号强度。另外, 经过 ALD 高温处理后样品 CdS/MoS$_2$ 的结晶性较 CdS 阵列显著提高 [见图 4.3（b）], 而且 CdS 和 MoS$_2$ 的衍射特征峰都可以在 CdS/MoS$_2$ 复合物中观察到, 表明 CdS/MoS$_2$ 样品的成功制备, 且经过电沉积生长 AuNPs 后结晶性保持不变。

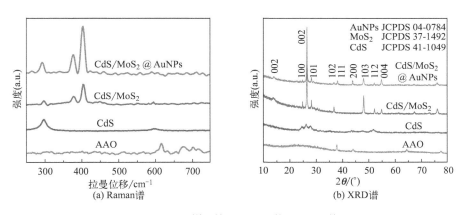

图 4.3　不同样品的 Raman 谱和 XRD 谱

4.2.2　SERS 增强机制

三元结构 CdS/MoS$_2$@AuNPs 体系中对生物信标分子的 SERS 增强机制主要涉及电磁增强和化学增强两个方面的协同作用。首先是 AuNPs 可控生长成特定颗粒直径尺寸以及颗粒间间隙的 SERS 热点区域, 热点不仅仅分布在单根纳米柱上, 更高电荷密度的热点区域是由纳米柱之间耦合形成, 如图 4.4（a）所示。这些颗粒之间会提供较强的等离子体共振效果, 导致激发光照射到金纳米颗粒上产生的电磁场经过间隙热点将磁场进行一次放大, 同时位于金纳米颗粒间隙中信标分子 Cy5 对电磁场产生二次放大效应, 显著增强 SERS 信号。

尽管电磁增强在 SERS 增强中占据主导地位，化学增强由于能够加快基底与 Cy5 分子之间的电子转移，同样能够增强拉曼散射信号强度。在三元结构体系中，MoS_2 不仅为 AuNPs 提供生长位点，而且还加速底物和分析物之间的电荷转移［见图 4.4（b）］。对于不同基底的能带结构，CdS 的价带（valence band，VB）和导带（conduction band，CB）分别为 6.25eV 和 3.55eV，而 CdS/MoS_2 的价带和导带分别为 5.21eV 和 4.28eV[27]。在生物检测和传感应用中，生物信标分子 Cy5 的最高占据分子轨道（highest occupied molecular orbital，HOMO）在 7.5eV 和最低未占据分子轨道（lowest unoccupied molecular orbital，LUMO）在 5.4eV。因此，电子转移可以通过图 4.4（b）所示的两步过程来描述。首先，目标分子 Cy5 的 HOMO 能级的电子被激发迁移到 LUMO 能级，在 HOMO 中留下空穴（步骤Ⅰ）。然后，电子从 CdS 或 CdS/MoS_2 的 VB 迁移到 Cy5 的 HOMO 能级并与空穴复合（步骤Ⅱ或Ⅱ'）。在步骤Ⅱ或Ⅱ'中，电子直接从 VB 下降到 Cy5 的 HOMO 能级，无需额外能量，电子跃迁概率决定了基底与目标分子之间电子的转移速度。显然，CdS/MoS_2 具有更高的 VB，可以增加电子迁移的概率。所以，CdS/MoS_2 与目标分子 Cy5 之间具有更快的电子转移速率，导致更好的 SERS 增强效果。

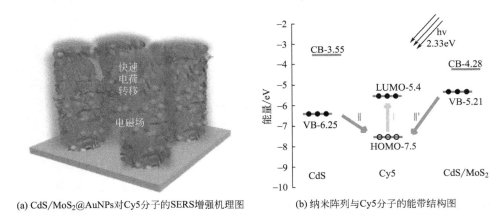

(a) CdS/MoS_2@AuNPs对Cy5分子的SERS增强机理图　　(b) 纳米阵列与Cy5分子的能带结构图

图 4.4　三元结构 SERS 增强机理

4.2.3　SERS 性能分析

（1）金颗粒成核数与尺寸对 SERS 性能影响

金纳米粒子的引入通过电化学沉积完成。在不同沉积时间下的 SERS 图谱中

（见图 4.5），1190cm^{-1}、1280cm^{-1}、1362cm^{-1}、1405cm^{-1}、1468cm^{-1} 和 1593cm^{-1} 处的特征峰表明信标分子 Cy5 被成功激发[28]。随着沉积时间的延长，金颗粒的数量和尺寸逐渐增加，从而引起热点的数量和区域增加，这无疑增加了信标分子落入热点位置的概率，因此 SERS 特征峰强度逐渐上升［见图 4.5（a）］。然而这种 SERS 性能的提升并非无穷尽，当沉积时间从 7min 增加至 9min 时，金颗粒逐渐团聚。虽然可增加信标分子落入热点的概率，但是这种团聚会引起金颗粒表面的电荷密度大幅度下降，从而引起 LSPR 效果减弱，最终导致 SERS 性能的大幅度下降。

SERS 增强因子（EF）是评价 SERS 底物分析性能的重要参数，定义为每个表面分子贡献的 SERS 强度与每个自由分子贡献的普通拉曼强度之比。EF 的计算方式[29]具体如下：

$$EF = \frac{I_{SERS}C_{normal}}{I_{normal}C_{SERS}} \qquad (4.1)$$

其中，I_{SERS} 和 I_{normal} 分别是由 SERS 拉曼基底和 normal 拉曼基底所得到的特征峰强度，而 C_{SERS} 和 C_{normal} 代表用于 SERS 和 normal 拉曼散射的 Cy5 溶液浓度。根据信标峰位的强度应该最强的原则，将最强特征峰 1362cm^{-1} 作为信标峰以验证 SERS 基底的增强效果。在 1 ～ 7min 范围内，随着电化学沉积时间的增加，金纳米粒子成核数量和直径呈上升趋势，逐渐增强的等离子共振效应使 EF 值不断增加。当沉积时间大于 7min 时，金纳米粒子团聚增多而削弱等离子共振效应，导致 EF 值开始减小。沉积时间为 7min 时纳米阵列的 EF 最高，为 5.1×10^7。

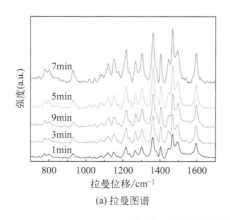

(a) 拉曼图谱

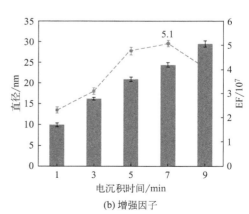

(b) 增强因子

图 4.5　不同电沉积时间的拉曼图谱和增强因子

（2）ALD循环数对 SERS 性能影响

纳米阵列中，MoS_2 为 AuNPs 提供成核和生长位点，不同循环数的二硫化钼不仅会影响成核位点的数量，还会影响颗粒之间的距离和电荷密度。当 ALD 循环数为零时，样品的 SERS 性能最差，其 EF 只有 9.0×10^6，这主要是因为金颗粒在硫化镉纳米棒上成核位点少，导致热点数量不足。当 ALD 循环数以 25 为梯度逐渐增加为 100 时，纳米阵列 CdS/MoS_2@AuNPs 的 SERS 性能最佳 [见图 4.6（a）]，一方面，MoS_2 的引入增加了金颗粒的成核位点，热点数量的增加提高了信标分子 Cy5 进入热点的概率，从而表现为 SERS 性能的大幅度提升；另一方面，MoS_2 的加入，可能改变基底材料的能带结构，使得基底与信标分子之间的转移速率进一步加快，对 SERS 性能的提升起着辅助作用。

将相邻两组样品的 EF 进行比值处理可进一步体现出每增加 25 循环的 MoS_2 对前一组样品的 SERS 性能的增益效果，其计算方式为 $RA_{EF, i}=EF_i/EF_{(i-25)}$，其中，$i$ 为不同样品的 ALD 循环数。将相关样品的 EF 值代入计算后，25、50、75、100、125 个循环数的 RA_{EF} 值分别为 1.70、1.25、1.29、1.14、0.64 [见图 4.6（b）]。显然，当 RA_{EF} 大于 1 时增益效果为正；当 RA_{EF} 小于 1 时，增益效果为负。结果表明，MoS_2 在从 100 循环到 125 循环的过程中，对 SERS 性能的增益作用是负向的，SERS 性能下降 36%。联系到样品的 SEM 表征结果，循环数在由 100 增加到 125 的过程中，SERS 基底的形貌由三维阵列转变为二维平面，从而引起热点数量的大幅减少，最终体现为 EF 的下降。

另外，从 50 循环开始，RA_{EF} 稳定在 1.3 左右，表明每增加 25 循环的 MoS_2，可以对 SERS 性能提升约 30%，这可以归因于纳米棒有效面积的增加，引起 AuNPs 数量的稳定增加。然而，100 循环下 RA_{EF} 为 1.14，表明 SERS 性能的增速开始放缓，这主要是在激光光斑范围内，热点的有效数量逐渐是趋向于饱和的。已有文献表明，SERS 性能不仅仅取决于热点的数量，更由高电荷密度的热点所主导[30]。因此，从提升 SERS 性能的角度，在 100 循环附近，进行更加精细的 MoS_2 调控，以构筑高电荷密度的热点是提升 SERS 性能的另一个维度。

特别的，$RA_{EF, 25}$ 是结果中的最大值，这表明 MoS_2 从 0 循环到 25 循环这一过程中，正向增益效果是最明显的。这是因为对于纳米阵列 CdS@AuNPs，AuNPs 在 CdS 纳米柱上趋向于仅在端面进行成核并生长 [见图 4.7（a）]，使得信标分子 Cy5

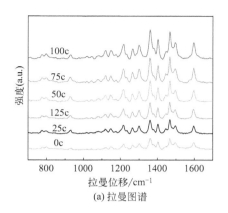
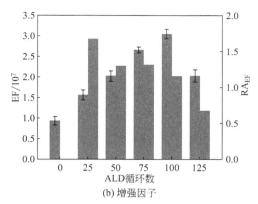

(a) 拉曼图谱　　　　　　　(b) 增强因子

图 4.6　不同 ALD 循环数的拉曼图谱和增强因子

只有固定在端面才能有效激活热点，这极大限制了 SERS 效果。然而，对于三元纳米阵列 CdS/MoS$_2$@AuNPs，得益于 ALD 独特的保形性，在 CdS 纳米柱表面（端面和侧面）均匀包覆 MoS$_2$，MoS$_2$ 丰富的比表面积使得 AuNPs 能够在纳米柱的端面和侧面进行成核和生长［见图 4.7（b）］，从而大幅度提升 SERS 性能。

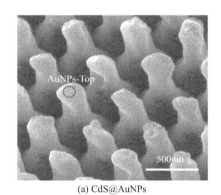
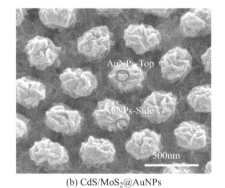

(a) CdS@AuNPs　　　　　　(b) CdS/MoS$_2$@AuNPs

图 4.7　CdS@AuNPs 和 CdS/MoS$_2$@AuNPs 的 SEM 图像

在 100 个 ALD 循环附近，以 5 个循环为间距的精细 MoS$_2$ 厚度调控及其 SERS 性能结果如图 4.8 所示。特征峰 1362cm^{-1} 呈现明显的增强效果，并在 95 循环时强度最强［见图 4.8（a）］。图 4.8（b）表明，随着循环数的增加，一方面，纳米棒的直径在缓慢增加，有利于纳米柱的精细调控，从而利于在纳米柱之间形成高电荷密度的热点（2 ~ 10nm 间隙）。另一方面，SERS 基底的 EF 先增加后降低，并最终

高达 6.1×10^7。这是因为在 95 个循环时，纳米柱上的金颗粒相互耦合作用，形成高电荷密度区域，从而极大地提升 SERS 增强效果，具体的增强机制在下一小节的有限时域差分模拟中进行讨论。

综上所述，对 MoS_2 的调控分为大循环步距和小循环步距两个过程，通过大循环步距的调控，实现热点数量的最大化，这主要得益于 MoS_2 为 AuNPs 提供的丰富的成核和生长位点；通过小循环步距的调控，在保证热点高密度的同时，通过精细控制纳米柱的尺寸实现纳米柱间隙的精准调控，形成大范围 **8nm** 间隙的高电荷密度热点，使得基底 $CdS/MoS_2@AuNPs$ 的 EF 高达 6.3×10^7，而纳米阵列 CdS@AuNPs 的 EF 仅为 6.7×10^6。这表明，MoS_2 的调控使得纳米阵列 $CdS/MoS_2@$AuNPs 的 SERS 性能得到显著提升。

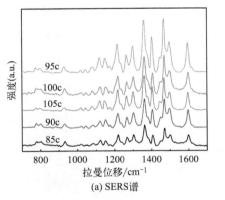 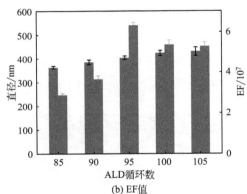

(a) SERS谱   (b) EF值

图 4.8 不同 ALD 循环数纳米阵列的 SERS 谱和 EF 值

（3）有限时域差分法（FDTD）仿真分析

拉曼散射是光子的非弹性散射，这意味着散射的光子将具有与激发不同的频率。当散射分子在纹理表面上时，拉曼散射可以大大增强。直接模拟这种非线性拉曼散射是相当具有挑战性的。用于测量散射增强的 FDTD 仿真通常可以通过线性模拟完成，使计算更容易设置和分析。在线性仿真中，EF 通常定义为 $(E/E_0)^4$，其中，E 为局部最大电场，E_0 为输入源电场的幅值。

FDTD 模型的构建主要基于 CdS/MoS2@AuNPs 三元结构的实际形貌并作相应简化（见图 4.9）。ALD 循环数所对应的厚度参数通过设置不同的纳米柱的直径间接实现，AuNPs 的直径则统一设置为 25nm。模拟单元设置为两个纳米柱以反映单根纳米柱和纳米柱相互作用间的电磁场分布，同时根据 SEM 结果作适当的简化，CdS 纳米柱的长度和直径分别设置为 500nm 和 200nm，相邻纳米柱之间的轴向距离为 450nm。当生长 MoS$_2$ 的 ALD 循环为 25、50、75、85、95 和 105 时，对应的纳米孔直径分别为 250nm、296nm、346nm、380nm、408nm 和 480nm。为尽可能模拟实际分布情况，将粒径为 20nm 的 AuNPs 分布在纳米颗粒上，相邻 AuNPs 之间的距离为 50nm。所有模拟中 AuNPs 的介电常数均取自 Johnson 和 Christy 的 FDTD 模拟数据库[31]，CdS 和 MoS$_2$ 的折射率分别为 2.4786 和 5.2227（来自折射率数据库）。激发源为平面波，波长设为 532nm，方向设为 anti-z，偏振方向设为 x 方向。将周期边界条件应用于 x、y 轴方向，在 z 轴方向上应用完美匹配层（PML），保证辐射不会被反射或受到系统的影响。另外，在电磁场变化剧烈的区域，栅格尺寸设置为 3nm。

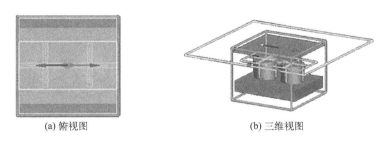

(a) 俯视图   (b) 三维视图

图 4.9 FDTD 模拟单元模型

根据不同 ALD 循环数的纳米阵列生长情况，循环数为 25、50、75、85、95、105 时相邻纳米柱之间的距离分别设置为 175nm、118nm、66nm、30nm、8nm、−30nm。当循环数逐渐增加时，纳米柱自身尺寸在增加的同时，相邻纳米柱之间的距离也在逐渐减小，这为纳米柱之间相互耦合形成高电荷密度区域提供了结构上的保证。

对应于不同的 ALD 循环数，可通过 $|E/E_0|_{max}$ 来评估电磁场强度（见图 4.10）。模拟结果中，曲线表示模拟单元在 $y=0$ 上的电磁强度，根据该曲线可以直观得出电磁场强度与分布情况。当循环数为 25 和 50 时，电磁场强度较低，且主要集中在单根纳米柱，这可能是局域等离子体共振较弱。随着循环数的增加，电磁场强度在逐渐增加，当循环数为 95 时，$|E/E_0|_{max}$ 计算结果为 23。通过曲线可以看出，一方面，曲线的高度在增加，表明电磁场强度在增加；另一方面，高峰位曲线的数量也在增

加，表明热点数量在增加。综合而言，MoS₂作为AuNPs的成核位点，其循环数的增加，可以通过增加热点的数量而引起电磁场强度的增加。

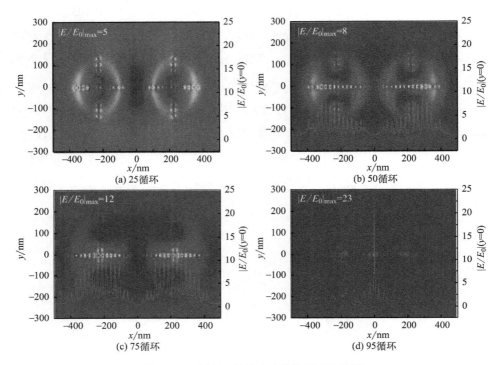

图 4.10   不同循环数纳米阵列的 FDTD 结果

4.3   SERS 传感器生物检测应用

前面几章介绍了 CdS/MoS2@AuNPs 三元结构的 ALD 制备方法并通过光谱测试、数值分析验证了其 SERS 性能，同时讨论了 ALD 制备 MoS₂ 薄膜工艺条件对 SERS 性能的影响。本章主要利用此原理对 miRNA-182 的浓度梯度进行检测，获得最低的检测极限，并对利用材料本身作为内标的准确性和稳定性进行表征，同时对加入其他不同生物分子后的特异性检测以及在人体血清中的实际检测效果进行了详细说明和讨论。

4.3.1　SERS 生物传感器构筑

以纳米阵列 CdS/MoS$_2$@AuNPs 作为 SERS 基底检测目标生物分子 miRNA-182 的原理如图 4.11 所示。当仅存在发卡探针 DNA 时，发卡结构修饰的 Cy5 紧贴在阵列表面（即位于热点区域），此时的 SERS 信号强度很高。随着目标生物分子 miRNA-182 的加入，其与发卡探针 DNA 进行杂交，发卡结构随之打开，Cy5 远离热点区域而引起 SERS 信号大幅下降。目标分子 miRNA-182 的浓度越高，发卡结构打开的也多，SERS 信号下降的幅度也越大。简而言之，SERS 信号强度与目标生物分子 miRNA-182 的浓度呈负相关。

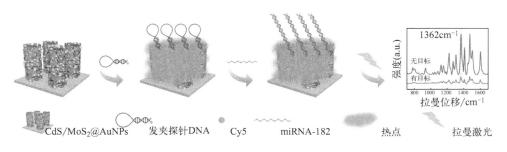

图 4.11　SERS 检测示意图

基于该 SERS 平台检测 MiRNA-182 的具体流程如下：

① 发卡探针 DNA 的形成。为保证单链 DNA 序列形成发卡结构，需对核酸序列进行退火处理。首先用浓度为 100μM 的 TE 缓冲溶液将购买的 MiRNA-182 序列（干粉）溶解，然后将混合溶液加热至 94℃并保持 2min，随后停止加热，让其缓慢冷却至室温从而保证发卡结构的形成。最后用 TE 缓冲液将其稀释并存储于 4℃环境中。

② 只含发卡探针 DNA 溶液的 SERS 测试。取发卡探针 DNA 溶液 20μL，将其滴涂在纳米阵列 CdS/MoS$_2$@AuNPs，在室温下干燥 12h 后进行拉曼测试，拉曼测试的参数为：40× 物镜，激发功率 0.5mW，曝光时间 10s。

③ 发卡探针 DNA 溶液与不同浓度目标 miRNA-182 杂交后的 SERS 测试。取发卡探针 DNA 溶液 20μL，将其滴涂在纳米阵列 CdS/MoS$_2$@AuNPs，然后滴加 20μL 的一定浓度的 miRNA-182 溶液，使其与探针 DNA 进行充分杂交后进行拉曼

测试，拉曼测试的参数为：40× 目物镜，激发功率 0.5mW，曝光时间 10s。

4.3.2 SERS 生物传感应用验证

实现对 MiRNA 的定量及线性检测是肿瘤早期诊断的重要目标。在 10^{-9}M 发卡探针浓度、80min 杂交时间、37℃孵育温度的检测条件下，miRNA-182 浓度为 0、10^{-17}M、10^{-16}M、10^{-15}M、10^{-14}M、10^{-13}M、10^{-12}M、10^{-11}M、10^{-10}M、10^{-9}M、10^{-8}M 对应的 SERS 光谱如图 4.12 所示。空白对照组的 Cy5 特征峰（1362cm^{-1}）强度最高，随着 miRNA-182 浓度的增加，Cy5 特征峰（1362cm^{-1}）强度逐渐下降，这表明发卡结构打开的数量在逐步增加。有趣的是，虽然不同 miRNA-182 浓度下的 Cy5 特征峰（1362cm^{-1}）强度有着明显差别，但基底材料中 MoS$_2$ 的特征峰（382cm^{-1} 和 405cm^{-1}）却保持稳定，这对于内标协同校准、消除系统误差等外界干扰提供了可能。

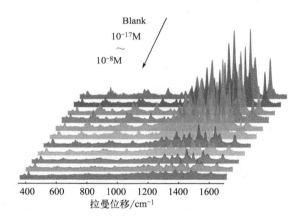

图 4.12 不同浓度 miRNA-182 的 SERS 光谱

内标协同校准是针对拉曼光谱在测试中易受到外界环境（激光强度、曝光时间等）干扰的问题，通过将信标分子的特征峰和基底材料本身的特征峰进行比值处理，以消除系统误差并提高 SERS 检测精度的一种策略[32]。内标校准策略相较于额外引入校准生物分子，不会出现校准生物分子脱落和校准生物分子对待检测生物分子产生干扰等问题，具有显著优势。

值得注意的是，通过将图 4.13 中 MoS$_2$ 的特征峰（382cm^{-1} 和 405cm^{-1}）和信标 Cy5 特征峰（1362cm^{-1}）的强度提取出来后可进一步优化内参比校准策略。如

图 4.13（a）所示，miRNA-182 上绑定的信标分子 Cy5 的特征峰 1362cm^{-1} 强度随着浓度的增加而线性降低，MoS$_2$ 的 382cm^{-1} 和 405cm^{-1} 以及两者强度的平均值则相对稳定，其中两个峰强的平均值波动最小，也最稳定。

根据内标校准策略对不同浓度的 miRNA-182 的信号强度进行线性拟合后 [见图 4.13（b）] 可以看出，线性拟合的相关系数 R^2 分别为：$R^2(I_{1362}/I_{382})=0.984$，$R^2[I_{1362}/I_{(382+405)/2}]=0.994$ 和 $R^2(I_{1362}/I_{405})=0.989$。这表明，采用两峰（382cm^{-1} 和 405cm^{-1}）平均值进行内标校准策略获得的线性拟合优度最佳，良好的线性拟合优度是后续检测限（limit of detection，LOD）计算的前提与保证。

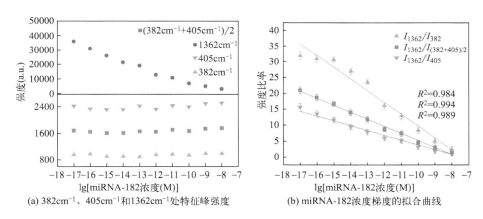

(a) 382cm^{-1}、405cm^{-1} 和 1362cm^{-1} 处特征峰强度　(b) miRNA-182 浓度梯度的拟合曲线

图 4.13 传感器线性度试验结果

通过对两峰（382cm^{-1} 和 405cm^{-1}）平均值进行内标校准，可计算出该 SERS 平台对 miRNA-182 检测的线性范围为 10^{-8}M ～ 10^{-17}M，线性关系可表示为：$y=-16.85-2.21\lg C$（y：Cy5 和两峰强度平均值的比值 $I_{1362}/I_{(382+405)/2}$；C：miRNA-182 的浓度），根据公式计算可得其检测限为 0.82aM（LOD=10$^{[(y_{Blank}+3SD/y_{Blank}-A)/B]}$）[33]。

除灵敏度和最小检测限外，传感器的特异性、稳定性、均匀性和复杂体系的检测亦是评价其 SERS 性能的重要指标。特异性检测主要用于判断 SERS 平台能否仅针对目标生物分子进行检测，是检测平台的基础和关键的性能指标。目标检测分子分别为 miRNA-182、miRNA-182 和 miRNA-155 混合物、miRNA-182 单碱基错配序列、miRNA-182 三碱基错配序列和 miRNA-155 对应的 SERS 光谱和 1362cm^{-1} 处拉曼峰强度如图 4.14（a）所示。结果表明，只有目标生物分子 miRNA-182 能使探针 DNA 发卡结构打开，使得 SERS 信号大幅度下降。此外，无论是单碱基错配、三碱基错配还是非目标生物分子 miRNA-155，杂交前后特征峰强度都没有明显变化，证明该 SERS 传感器检测 MiRNA-182 具有良好的特异性。同时在 4℃环境下保存 12 天后，该传感器的 SERS 性能仍保持初始性能的 93.1%[见图 4.14（b）]，表明该 SERS 传感器具有良好的稳定性。

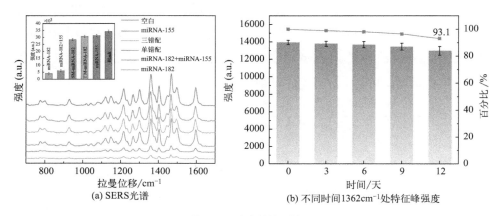

(a) SERS光谱   (b) 不同时间1362cm⁻¹处特征峰强度

图 4.14　稳定性检测结果

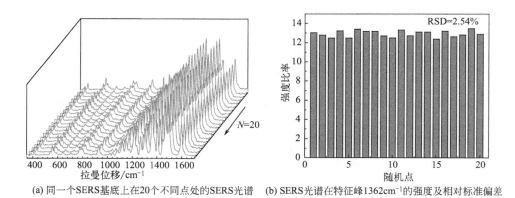

(a) 同一个SERS基底上在20个不同点处的SERS光谱   (b) SERS光谱在特征峰1362cm⁻¹的强度及相对标准偏差

图 4.15　均匀性检测结果

在 SERS 检测中，信号的均匀性是实现传感器大规模应用的前提。在同一个 SERS 基底上随机选取 20 个样本点采集到的 SERS 光谱如图 4.15（a）所示，得益于基于牺牲模板法制备的纳米阵列形貌的高度均一性，光谱波动较小。另外，ALD 生长工艺同样能保证 MoS₂ 薄膜的均匀包覆和外延生长，进而实现 AuNPs 均匀成核，这对于保证 SERS 信号的稳定至关重要。提取 SERS 光谱中 1362cm⁻¹ 特征峰计算出的相对标准偏差为 2.54%［见图 4.15（b）］，表明传感器的稳定性良好。

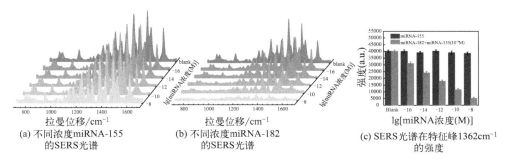

（a）不同浓度miRNA-155 的SERS光谱　（b）不同浓度miRNA-182 的SERS光谱　（c）SERS光谱在特征峰1362cm⁻¹ 的强度

图 4.16　血清检测结果

在传感器实际应用中，检测样本一般为血清、唾液等由多种待测物质组成的体液，而不仅仅是目标生物分子，这对 SERS 传感器在复杂检测物体系中对目标生物分子的特异性响应提出了极高的要求。浓度为 10^{-16}M、10^{-14}M、10^{-12}M、10^{-10}M、10^{-8}M 的非目标生物分子 miRNA-155 和 MiRNA-182 混合样品的 SERS 光谱如图 4.16（a）所示，不同浓度 miRNA-155 的 SERS 光谱和空白样品的 SERS 光谱基本一致，表明非目标生物分子无法有效打开发卡结构，排除了在实际检测过程中非目标生物分子对检测结果的干扰。

任何浓度的非目标生物分子对检测结果的一致性是实现 miRNA-182 浓度梯度的线性和定量检测的基础。浓度为 10^{-9}M 的 miRNA-155 与浓度 10^{-16}M、10^{-14}M、10^{-12}M、10^{-10}M、10^{-8}M 的目标生物分子 miRNA-182 混合后的检测结果如图 4.16（b）所示。随着目标生物分子 miRNA-182 浓度的增加，SERS 光谱的强度在逐渐下降，这表明即使体液中存在非目标生物分子干扰的情况，该传感器依然能对不同浓度的目标生物分子做出有差别的信号相应，为实现血清样品精准检测奠定基础。以 SERS 光谱中 1362cm⁻¹ 特征峰作为比较，空白对照组的特征峰强度相同，并且与不同浓度 miRNA-155 的信号强度一致，进一步说明任何浓度的非目标生物分子对信号产生的干扰都趋于稳定且可忽略。另外，SERS 信号随着 miRNA-182 浓度的增加而线性下降，表明该传感器即使在复杂组分的溶液中也能有良好的检测准确性。

采集目标浓度为 1pM、10fM、0.1fM 的 miRNA-182/ 血清样本的 SERS 光谱并提取 1362cm⁻¹ 特征峰的强度结果如表 4.1 所示。其回收率在 93.67% ~ 100.67% 之间，表明该 SERS 传感器能够在血清等复杂体液中准确检测出目标生物分子；而且每组样品的检测量的相对标准偏差均小于 5%，表明该 SERS 传感器在血清等复杂体液中的检测结果也具有很好的稳定性和可靠性。

表 4.1 SERS 传感器在血清样品中检测 miRNA-182（*n*=3）

样品序号	加入量	检测量	回收率 /%	相对标准偏差 /%
1	1pM	0.95pM	93.67	3.43
		0.90pM		
		0.96pM		
2	10fM	10.30fM	100.47	3.70
		10.22fM		
		9.62fM		
3	0.1fM	0.102fM	100.67	4.14
		0.104fM		
		0.096fM		

参考文献

[1]   Choi S H, Park H G. Surface-enhanced Raman scattering (SERS) spectra of sodium benzoate and 4-picoline in Ag colloids prepared by γ-irradiation. Applied Surface Science, 2005, 243 (1): 76-81.

[2]   Kneipp K, Wang Y, Kneipp H, et al. Single molecule detection using surface-enhanced Raman scattering (SERS). Physical Review Letters, 1997, 78 (9): 1667-1670.

[3]   Ko H, Singamaneni S, Tsukruk V V. Nanostructured surfaces and assemblies as SERS media. Small, 2008, 4 (10): 1576-1599.

[4]   Maier S A. Plasmonic field enhancement and SERS in the effective mode volume picture. Optics Express, 2006, 14 (5): 1957-1964.

[5]   杨序纲，吴琪琳. 拉曼光谱的分析与应用. 北京：国防工业出版社，2008.

[6]   Chew H, Wang D S, Kerker M. Surface enhancement of coherent anti-Stokes Raman scattering by colloidal spheres. Journal of the Optical Society of America B, 1984, 1 (1): 56-66.

[7]   Wang C H, Sun D C, Xia X H. One-step formation of nanostructured gold layers via a galvanic exchange reaction for surface enhancement Raman scattering. Nanotechnology, 2006, 17 (3): 651.

[8]   Sun B, Jiang X, Wang H, et al. Surface-enhancement Raman scattering sensing strategy for

discriminating trace mercuric ion (ii) from real water samples in sensitive, specific, recyclable, and reproducible manners. Analytical Chemistry, 2015, 87 (2): 1250-1256.

[9]　Pavel I E, Alnajjar K S, Monahan L, et al. Estimating the analytical and surface enhancement factors in Surface-enhanced Raman scattering (SERS): A novel physical chemistry and nanotechnology laboratory experiment. Journal of Chemical Education, 2012, 89 (2): 286-290.

[10]　Fleischmann M, Hendra P J, McQuillan A J. Raman spectra of pyridine adsorbed at a silver electrode. Chemical Physics Letters, 1974, 26 (2): 163-166.

[11]　Morton S M, Ewusi-Annan E, Jensen L. Controlling the non-resonant chemical mechanism of SERS using a molecular photo-switch. Physical Chemistry Chemical Physics, 2009, 11 (34): 7424-7429.

[12]　Albrecht M G, Creighton J A. Anomalously intense Raman spectra of pyridine at a silver electrode. Journal of the American Chemical Society, 1977, 99 (15): 5215-5217.

[13]　Mao P, Liu C, Favraud G, et al. Broadband single molecule SERS detection designed by warped optical spaces. Nature Communications, 2018, 9 (1): 5428.

[14]　Liu Y, Ma H, Han X X, et al. Metal-semiconductor heterostructures for surface-enhanced Raman scattering: synergistic contribution of plasmons and charge transfer. Materials Horizons, 2021, 8 (2): 370-382.

[15]　Ding S Y, Yi J, Li J F, et al. Nanostructure-based plasmon-enhanced Raman spectroscopy for surface analysis of materials. Nature Reviews Materials, 2016, 1 (6): 16021.

[16]　Karthick Kannan P, Shankar P, Blackman C, et al. Recent advances in 2D inorganic nanomaterials for SERS sensing. Advanced Materials, 2019, 31 (34): 1803432.

[17]　Langer J, Jimenez de Aberasturi D, Aizpurua J, et al. Present and future of Surface-enhanced Raman scattering. ACS Nano, 2020, 14 (1): 28-117.

[18]　Yang K, Zhu K, Wan Y, et al. $Ti_3C_2T_x$ MXene-Loaded 3D substrate toward on-chip multi-gas sensing with surface-enhanced Raman spectroscopy (SERS) barcode readout. ACS Nano, 2021, 15 (8): 12996-13006.

[19]　Fu F, Yang B, Hu X, et al. Biomimetic synthesis of 3D Au-decorated chitosan nanocomposite for sensitive and reliable SERS detection. Chemical Engineering Journal, 2020, 392: 123693.

[20]　Lee T, Mohammadniaei M, Zhang H, et al. Single functionalized pRNA/gold nanoparticle for ultrasensitive microRNA detection using electrochemical surface-enhanced Raman spectroscopy. Advanced Science, 2020, 7 (3): 1902477.

[21]　Wei W, Bai F, Fan H. Oriented Gold Nanorod Arrays: Self-assembly and optoelectronic applications. Angewandte Chemie International Edition, 2019, 58 (35): 11956-11966.

[22]　Liu B, Yao X, Chen S, et al. Large-area hybrid plasmonic optical cavity (HPOC) substrates for surface-enhanced Raman spectroscopy. Advanced Functional Materials, 2018, 28 (43): 1802263.

[23]　Jeong J W, Yang S R, Hur Y H, et al. High-resolution nano-transfer printing applicable to

diverse surfaces via interface−targeted adhesion switching. Nature Communications, 2014, 5 (1): 5387.

[24]   Zong C, Xu M, Xu L J, et al. Surface−enhanced Raman spectroscopy for bioanalysis: reliability and challenges. Chemical Reviews, 2018, 118 (10): 4946−4980.

[25]   Huang Y, Liu L. Recent progress in atomic layer deposition of molybdenum disulfide: a mini review. Science China Materials, 2019, 62 (7): 913−924.

[26]   Lv J, Yang J, Jiao S, et al. Ultrathin quasibinary heterojunctioned ReS$_2$/MoS$_2$ Filmwith controlled adhesion from a bimetallic co−feeding atomic layer deposition. ACS Applied Materials & Interfaces, 2020, 12 (38): 43311−43319.

[27]   Zhang J R, Zhao Y Q, Chen L, et al. Density functional theory calculation on facet−dependent photocatalytic activity of MoS$_2$/CdS heterostructures. Applied Surface Science, 2019, 469: 27−33.

[28]   Yang L, Lee J H, Rathnam C, et al. Dual−enhanced Raman scattering−based characterization of stem cell differentiation using graphene−plasmonic hybrid nanoarray. Nano Letters, 2019, 19(11): 8138−8148.

[29]   Fu Q, Zhan Z, Dou J, et al. Highly reproducible and sensitive SERS substrates with Ag inter−nanoparticle gaps of 5 nm fabricated by ultrathin aluminum mask technique. ACS Applied Materials & Interfaces, 2015, 7(24): 13322−13328.

[30]   Liu K, Bai Y, Zhang L, et al. Porous Au−Ag nanospheres with high−density and highly accessible hotspots for SERS analysis. Nano Letters, 2016, 16(6): 3675−3681.

[31]   Luo X, Zhao X, Wallace G Q, et al. Multiplexed SERS detection of microcystinswith aptamer−driven core−satellite assemblies. ACS Applied Materials & Interfaces, 2021,13(5): 6545−6556.

[32]   Song C, Zhang J, Jiang X, et al. SPR/SERS dual−mode plasmonic biosensor via catalytic hairpin assembly−induced AuNP network. Biosensors & Bioelectronics, 2021, 190: 113376−113382.

[33]   Chen J, Wu Y, Fu C, et al. Ratiometric SERS biosensor for sensitive and reprodu−cible detection of microRNA based on mismatched catalytic hairpin assembly. Biosensors & Bioelectronics, 2019, 143: 111619−111626.

5

ALD 应用于电化学
生物传感器

电化学检测是一种新型的检测分析技术，可以实现对生物分子高效、灵敏、快速和选择性的检测，其中构建电化学传感器的关键环节是电极材料制造和修饰。基于 ALD 技术实现可重复性和高质量电极微纳材料制造，利用微纳材料比表面积大、电化学活性好、生物相容性好和吸附能力强的优势，对于制造灵敏度高、特异性好和信号稳定的生电化学生物传感器至关重要。

5.1 电化学（EC）生物传感器概述

电化学生物传感器是传感检测机理属于电化学方法的生物传感器，因其检测的便利、快速、低成本、灵敏等特性，近年来引起了广泛关注。电化学生物传感器是将作为传感元件的生物受体或生物标记物固定在电化学系统的电极上，在与待检测分析物发生特异性生化反应后，将反应信号通过电压、电流、阻抗、电容等方式转换为电信号，再经电化学工作站的信号放大系统，输出成可处理的数字信号[1]。基于工作原理，电化学生物传感器可以用作电流计、电位计、电容式和阻抗式传感器，将生物/化学物质转换为可测量的信号。电流型生物传感器测量时，在系统中施加恒定电势或电流，换能器表面上的电活性材料发生化学反应而产生电流或电势。电流的变化与待测物质的浓度有关。安培生物传感器的工作电极（WE）通常是贵金属（金、钛、镍等），氧化铟锡（ITO）或被生物受体元件覆盖的碳。电位型生物传感器在施加恒定电流时，其可以检测电活性材料化学反应中的电位。电位型生物传感器可以测量诸如 pH、H^+、NH_4^+ 和其他离子之类的物质，以及包括葡萄糖、尿素、青霉素等在内的生物分子。阻抗式和电容式传感器是一种无标记传感技术，可用于定量分析生物分子间相互作用，如酶、DNA/RNA 杂交、抗原抗体和蛋白质相互作用。当目标生物分子与传感器表面上特定生物受体反应时，将会导致介电常数或电阻的变化，这将推动第三代生物传感器的构筑与发展。Lee 等已经开发了一种阻抗式电化学生物传感器，该传感器使用适体功能化的热解碳电极检测蛋白质分子[2]。Wang 等制备了基于 TiO_2 纳米线束微电极的阻抗生物传感器，用于单核细胞增生性李斯特菌的灵敏检测[3]。Zhou 等以 hemin-G-quadruplex 为信号单元，制备了一种新型的信号放大传感器，用以检测与癌症表达相关的 miRNA-21 序列[4]。

纳米材料由于其高的比表面积、优异的化学稳定性、突出的电化学性能及良好的生物相容性，在提高电化学生物传感器的性能方面表现出了巨大的应用潜力。纳米材料通常作为电化学生物传感器工作电极的修饰材料，其固有的高表面积可以吸附更多的生物分子提高传感器的检测灵敏度，纳米材料也能实现信号的高效转化，将结合目标生物分子的生物信号转换为电信号等。因此，在构筑高性能电化学生物传感器时，纳米材料的正确使用有望增强生物分子电化学传感器在灵敏度与检测极限方面的性能[5,6]。基于电化学检测平台，使用纳米颗粒、纳米管、纳米线等纳米材料构筑电化学生物传感器正引起新的研究热潮。例如，Luo 等已通过安培技术制备了掺硼金刚石纳米棒基电极用于非酶葡萄糖生物传感[7]；Law 等报道了通过将纳米结构和免疫测定传感技术都集成到相位询问表面等离子共振（SPR）系统中以检测 fM 级抗原浓度而开发的 NP 增强型生物传感器[8]；生物功能化的 2D MXenes（Ti_3C_2）被用于检测癌症生物标志物 CEA[9]。二硫化钼（MoS_2）是一种典型的过渡金属硫族化合物，由 S-Mo-S 三层结构组成，由于其末端没有悬挂键，其结构特别稳定[10]。此外，MoS_2 基纳米材料优异的电化学性能和发光性能使其成为构建生物传感器敏感单元的优秀候选者之一[11]。目前，MoS_2 已被用于构建各种电化学生物传感器。例如 Su 等人[12]基于金纳米粒子修饰的 MoS_2 纳米片，开发了一种双模式检测 miRNA-21 的电化学生物传感器。其中，经典的 DNA "三明治" 结构用于检测信号放大，结构包含捕获 DNA、目标 miRNA-21 和 DNA 修饰的纳米探针。MoS_2 纳米片是通过改进的锂离子插层法制备的，然后再由微波水热法合成了金纳米粒子修饰的 MoS_2 纳米片复合材料。该生物传感器在 10fM ～ 1nM 的 miRNA-21 浓度检测中表现出出色的性能。

尽管基于纳米材料（尤其是 MoS_2）的电化学生物传感器取得了很好的发展，但其商业化目前仍面临许多挑战，例如很多纳米材料在电极上覆盖度低、易脱落，导致电化学生物传感器的稳定性差；同时有些纳米材料电催化活性低，无法满足生物分子超灵敏检测需求。ALD 作为一种精确可控的纳米材料制造方法，不仅可以实现纳米材料在电化学电极上的均匀覆盖，提高生物传感器稳定性，而且通过控制纳米材料的结构和沉积厚度，提高其催化活性，有助于实现生物分子痕量检测。电化学生物传感器性能的突破很大程度上依赖于材料创新和制造工艺的进步。ALD技术可实现精确的厚度控制和具有出色的保形性，从而制造出具有稳定和高活性的纳米材料作为生物传感器的敏感元件。

5.2　MoS₂ 薄膜的 ALD 制造与调控

本节以 ALD 在导电玻璃（FTO）原位制造的 MoS_2 薄膜，并用作电化学生物传感器为例，讨论了 ALD 技术用于提高电化学生物传感器的稳定性。制造高可重复性、高质量和层数可控的 MoS_2 薄膜，利用 MoS_2 比表面积大、电化学活性好、生物相容性好和吸附能力强的优势，对于制造灵敏度高、特异性好和信号稳定的电化学生物传感器检测电极至关重要。通过自限制反应，ALD 可以实现厚度精确可控的均匀 MoS_2 薄膜制造，是一种高效、可重复性强的方法。采用 ALD 方法直接在电极表面沉积 MoS_2，开发用于生物分子检测电极，可以提高电化学生物传感器的稳定性。

5.2.1　高比表面积薄膜的可控制造

MoS_2 具有大的比表面积、良好的电化学活性和生物相容性，但是其本身的导电性较差，可以通过金纳米颗粒（AuNPs）功能化 MoS_2 加速电子传递速率，改善材料的导电性，产生协同效应来提高复合材料的综合性能，在电化学方面的应用比单一传统材料更加具有优势。基于 ALD 技术和电化学沉积方法制造了 AuNPs/MoS₂/FTO 电极，并对电极进行了一系列的表征分析和电化学性能测试，证明了应用于生物分子检测的 AuNPs/MoS₂/FTO 电极成功制造。

（1）MoS₂/FTO 电极的制造

首先，将切割好的、尺寸一致的裸 FTO 导电玻璃按照在丙酮、乙醇和去离子水中的清洗顺序分别超声清洗 20min，然后用氮气吹干备用。将清洗干净的 FTO 导电玻璃放在干净的培养皿中，导电面朝上，使用 O_2 等离子体处理 5 min。处理完成后，FTO 导电玻璃放置在 ALD 反应腔体内，腔体的温度加热并保持在 450 ℃。钼源选择 $MoCl_5$ 作为前驱体，其源瓶加热并保持在 200℃以确保足够的蒸气压。硫源选择 H_2S 作为前驱体。$MoCl_5$ 和 H_2S 前驱体交替通入 ALD 反应腔体和清洗的脉冲时间为 1s、30s、1s、30s。N_2 的流量设定为 50sccm，作为前驱体的载气和洗气。一个完整的 ALD 制造 MoS_2 循环分为四个步骤：N_2 将 $MoCl_5$ 送入反应腔体；N_2 清洗反应副产物和残余气体；N_2 将 H_2S 送入反应腔体；N_2 再次清洗。通过控制 ALD 循环数，可以获得所需厚度、尺寸和分布的二硫化钼薄膜。在 FTO 导电玻璃表面上经过 10 个、20 个、30 个、40 个、50 个和 70 个 ALD 循环生长的二硫化钼样品分别命名为 10-MoS_2/FTO、20-MoS_2/FTO、30-MoS_2/FTO、40-MoS_2/FTO、50-MoS_2/FTO 和 70-MoS_2/FTO。

（2）AuNPs/MoS_2/FTO 电极的制造

室温下，将 0.02g 的 $HAuCl_4 \cdot 3H_2O$ 和 0.15g 的 KCl 分散到 20mL 的去离子水中，混合液超声 10min，得到呈淡黄色的氯金酸溶液。

使用电化学沉积法，在上述经过不同循环制造的 MoS_2/FTO 电极表面上沉积 AuNPs。采用 CHI660E 电化学工作站的恒电位 I-t 模式，传统三电极体系，其中 MoS_2/FTO 作为工作电极，铂丝作为对电极，饱和甘汞电极作为参比电极。电沉积电压为 -0.2V，时间分别为 0s、100s、200s、300s、400s 和 500s。取出 AuNPs/MoS_2/FTO 电极，用去离子水清洗，干燥备用。

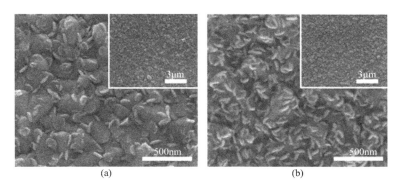

图 5.1 10-MoS_2/FTO（a）和 30-MoS_2/FTO（b）的扫描电镜图

图 5.1 是 10-MoS_2/FTO、30-MoS_2/FTO 的扫描电镜图。图 5.1（a）中，经过 10 个 ALD 循环，在 FTO 导电玻璃的表面上生长了少量无规则分布的条状 MoS_2 纳米片。由于 ALD 反应进行的初始阶段，$MoCl_5$ 是与基底表面的羟基官能团（-OH）发生化学吸附来进行后续反应，相比于常用平整的 SiO_2/Si、Al_2O_3 等基底，FTO 导电玻璃表面存在羟基官能团相对较少，影响了 MoS_2 纳米片的生长、尺寸和分布。图 5.1（b）中，经过 30 个 ALD 循环，MoS_2 纳米片数量明显增多，大规模、均匀地覆盖在 FTO 电极表面上，形貌和尺寸同样具有很高的一致性，长度大概在

100nm。这样的呈条状的 MoS$_2$ 纳米片结构，片层之间有很多空隙，能提供更多的边缘活性位点，更大的比表面积作为复合材料的载体，构成纳米复合结构，加快电子转移，发挥协同效应，拓展功能化二硫化钼应用范围。

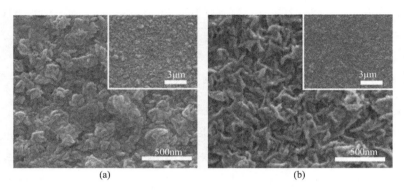

图 5.2 50-MoS$_2$/FTO（a）和 70-MoS$_2$/FTO（b）的扫描电镜图

图 5.2 是 50-MoS$_2$/FTO、70-MoS$_2$/FTO 的扫描电镜图。明显可以看到，FTO 导电玻璃表面已经完全被堆叠的 MoS$_2$ 纳米片所覆盖，图 5.2（a）中 50 个 ALD 循环生长的 MoS$_2$ 纳米片的晶粒尺寸显著增大，出现团聚现象，MoS$_2$ 纳米片层之间的空隙减少，边缘活性位点数量下降。对于 70-MoS$_2$/FTO 的图 5.2（b），FTO 导电玻璃表面生长了过量的 MoS$_2$ 纳米片，堆叠处继续生长，呈现出高度纹理化平面外朝向的 MoS$_2$ 条状褶皱。

图 5.3 是 30-MoS$_2$/FTO 在电沉积 AuNPs 后的图像。图 5.3（a）中 30-MoS$_2$/FTO 电极有很多垂直的条状 MoS$_2$ 纳米片，MoS$_2$ 纳米片的边缘和片层之间的空隙，能提供很多的结合位点，作为构建复合材料的载体。图 5.3（b）中较小的金纳米颗粒在电沉积 100s 后，倾向于紧密地附着在条状 MoS$_2$ 纳米片上，而不是直接分散在 FTO 导电玻璃表面形成较大的树枝状金结构。随着电沉积时间增加到 200s，金纳米颗粒在 MoS$_2$ 纳米片的顶部边缘 [图 5.3（b）] 发生团聚现象，形成金纳米颗粒团簇 [图 5.3（c）]。在沉积时间为 300s 时，图 5.3（d）表明形成了最优的 AuNPs/MoS$_2$ 纳米复合结构，其中金纳米颗粒团簇 [图 5.3（d）] 饱和。后续实验结果表明，在电极表面的金纳米颗粒团簇一方面提高了电极表面的导电性，加快电子转移，另一方面这些半连接的金纳米颗粒团簇没有过度聚集，保持有效的比表面积，有利于与探针或生物分子结合。图 5.3（e）和（f）分别是电沉积时间延长到

400s 和 500s 得到的，能够看出金纳米颗粒团簇进一步堆积，团簇之间的空隙减少，形成连续致密的较大尺寸的金结构，导致比表面积下降。

(a) 电沉积时间0s (b) 电沉积时间100s (c) 电沉积时间200s

(d) 电沉积时间300s (e) 电沉积时间400s (f) 电沉积时间500s

图 5.3 AuNPs/MoS₂/FTO 的扫描电镜图

5.2.2 传感机理

AuNPs/MoS$_2$/FTO 电极检测 miRNA-155 的构筑及工作原理如图 5.4 所示。根据 ALD 技术的优势，可以实现在电极表面原位生长 MoS$_2$ 纳米片。通过控制 ALD 循环次数，来调控 MoS$_2$ 纳米片的形貌、厚度、尺寸和分布情况，可以让 MoS$_2$ 纳米片均匀地分布在 FTO 电极表面，作为比表面积较大的基底材料来提高大量 AuNPs 的结合位点。接着，电沉积 AuNPs 获得功能化的 AuNPs/MoS$_2$ 纳米复合结构，发挥了协同作用，加快电子转移速率，解决了 MoS$_2$ 本身导电性差、探针 RNA 稳定结合电极等问题，提高了检测的可靠性和灵敏度。以巯基化 RNA 作为探针，一方面通过 Au-S 键固定在 AuNPs/MoS$_2$/FTO 中，另一方面可以通过氢键与碱基互补配对的目标 miRNA-155 识别、匹配和杂交。用 MCH 封闭未结合探针 RNA 的 Au 活性位点，避免修饰电极的非特异性吸附。

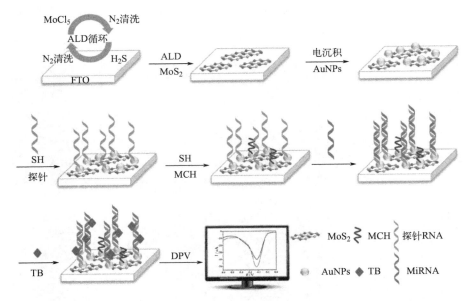

图 5.4 AuNPs/MoS₂/FTO 电极的制造步骤和检测 miRNA-155 的工作原理

选择合适的杂交指示剂对构建高可靠性、高灵敏度和高特异性的检测平台具有重要意义。TB 是一种吩噻嗪染料，在本实验中作为杂交指示剂，实现 miRNA-155 的超灵敏无标签检测。目前，已有不同的方法报道了 TB 与核酸的相互作用，但将其作为杂交指示剂，应用于电化学检测 miRNA 却很少有人探讨。由于具有 π-π 共轭电子，TB 与 RNA 碱基有良好的兼容性。TB 能够通过静电和氢键作用增强其与单链和双链核酸序列结合的稳定性。TB 通过静电作用与单链 RNA 结合，吸附在电极表面，而 TB 与双链 RNA 的结合主要是通过嵌插作用，结合能力强于静电模式，说明双链 RNA 对 TB 的亲和力优于单链 RNA。因此，将与不同浓度 miRNA-155 杂交后的修饰电极浸泡在 TB 溶液中 5min，会有更多的 TB 通过静电作用和氢键在修饰电极表面积聚，其中探针 RNA 与高浓度的目标 miRNA-155 匹配结合。相比之下，修饰电极检测低浓度的 miRNA-155 或错配 miRNA，插入双链 RNA 的 TB 数量减少，可以有效区分不同浓度的 RNA 和碱基互补配对的 RNA 序列。

使用差分脉冲伏安法来检测不同浓度目标 miRNA，测试电压从 0 ~ −0.6V，TB 在电极表面表现出如图 5.5 所示的还原反应。

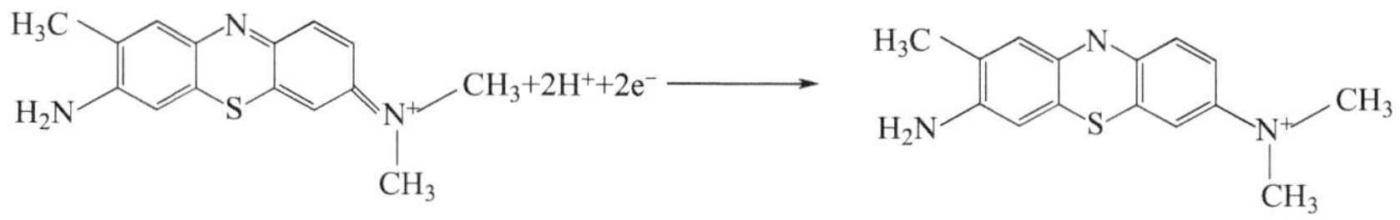

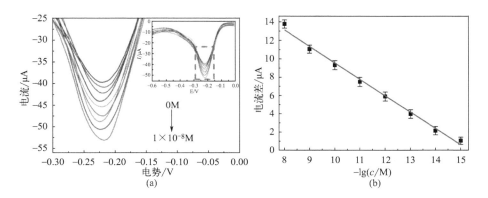

图 5.5　TB 在修饰电极表面发生的还原反应

因此，可以通过差分脉冲伏安法曲线来反映 TB 的还原电流，从而实现对不同浓度 miRNA-155 的超灵敏无标签检测。

5.2.3　MoS₂ 薄膜生物传感应用验证

采用差分脉冲伏安法（DPV）来验证 ALD 制造的 MoS₂ 薄膜对不同浓度的肿瘤标志物 miRNA-155 的检测效果。如图 5.6（a）所示，随着 miRNA-155 浓度的增加，与探针 RNA 杂交形成的双链 RNA 分子数量增多，会导致更多的 TB 聚集在电极表面，还原峰的电流信号也随之增强。定义峰电流差值 $\Delta I=I_0-I$，其中，I_0 是电极与待检测 miRNA 杂交前 TB 的还原峰电流值，I 是电极与不同浓度 miRNA 杂交后 TB 的还原峰电流值。图 5.6（b）中，miRNA-155 在 1×10^{-15}M ~ 1×10^{-8}M 的范围内，峰电流差值 ΔI 和 miRNA 浓度对数呈现良好的线性关系，其线性回归方程为：$\Delta I(\mu A)=27.45+1.79\lg(c/M)$。其中相关系数 $R^2=0.99212$，信噪比是 3，最低检测限为 0.32fM。

图 5.6　修饰电极检测不同浓度的 miRNA-155 的 DPV 响应曲线，miRNA-155 的浓度分别为 0M、1×10^{-15}M、1×10^{-14}M、1×10^{-13}M、1×10^{-12}M、1×10^{-11}M、1×10^{-10}M、1×10^{-9}M 和 1×10^{-8}M（a）以及峰电流差值 ΔI 和 miRNA 浓度对数的关系曲线（$n=5$）（b）

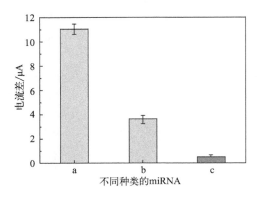

图 5.7 修饰电极分别与 1nM miRNA-155（a）、单碱基错配 miRNA（b）、miRNA-21（c）杂交的峰电流差值 Δ*I* 柱状图（*n*=3）

选择性检测是 miRNA 检测电极的重要性能指标。采用差分脉冲伏安法（DPV）研究修饰电极对 miRNA-155、单碱基错配 miRNA 和 miRNA-21 的检测效果，浓度均为 1nM。从图 5.7 可以看到，与探针 RNA 完全碱基互补配对的 miRNA-155 序列杂交后，具有最大的峰电流差值 Δ*I*。这是因为大量的 TB 通过静电作用和嵌插作用与杂交形成的双链 RNA 结合，在修饰电极表面聚集。但是，当电极和单碱基错配 miRNA 序列杂交后，电流差值 Δ*I* 有明显的下降，与 miRNA-21 杂交后，峰电流差值 Δ*I* 达到最小，说明制造的 AuNPs/MoS$_2$/FTO 修饰电极对 miRNA-155、单碱基错配 miRNA 和 miRNA-21 具有良好的区分度和选择性，可应用于特异性检测目标 miRNA。

为证明检测电极具有良好的重复性，在相同的实验条件下，对 1fM、1nM 和 10nM miRNA-155 按上述实验步骤分别重复进行 6 次检测实验，并且计算峰电流差值 Δ*I* 的标准偏差。由图 5.8 所示，得益于高生产率、可控性和重复性 ALD 技术，6 个同样方法制造电极的峰电流差值 Δ*I* 相对标准偏差（RSD）小于 5%，说明制造的检测电极重复性良好。

长期稳定性是生物传感器在实际应用中的重要参数。图 5.9 是修饰电极在 4℃下分别保存 0 ~ 10 天检测 1nM miRNA-155 的峰电流差值 Δ*I* 变化。放置 10 天后，修饰电极的电流响应约为初始响应电流的 88.4%，表明制造的修饰电极能够有效防止探针 RNA 脱落并保持 RNA 的生物活性，具有良好的稳定性。

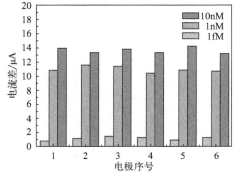

图 5.8 修饰电极分别与不同浓度 miRNA-155 杂交的峰电流差值 Δ*I* 柱状图

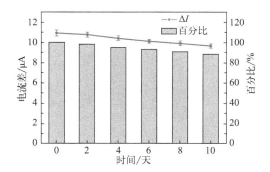

图 5.9 修饰电极在 4 ℃下保持 0 ~ 10 天的稳定性（*n*=3）

5.3 MoS₂ 纳米管的 ALD 制造与调控

MoS₂ 被广泛认为是生物传感器将生物信号转换为电信号并间接放大原始信号以实现更灵敏检测的重要材料。基于 ALD 制备平面的 MoS₂ 纳米片被证明具有良好的电化学特性，管状 MoS₂ 与平面 MoS₂ 相比具有更大的比表面，因此 MoS₂ 纳米管作为电化学传感器的敏感材料具有更大的潜力，有望提高电化学生物传感器的灵敏度。

5.3.1 MoS₂ 纳米管可控制造

通过 ALD 在 AAO 表面沉积不同厚度的 MoS₂ 后，采用 NaOH 刻蚀掉 AAO，即可得到不同形貌的 MoS₂，如图 5.10（a）所示。刻蚀过程如下：将 MoS₂/AAO 放入 20mL 2M NaOH 溶液中，确保完全浸没，反应时间为 20h。在反应过程中，必须确保溶液不能晃动。反应结束后，用移液管慢慢吸出 NaOH 溶液，再慢慢加入去离子水洗涤 5 次，直至溶液的 pH 值为中性。最后，在 70℃的真空烘箱中加热并干燥。

在刻蚀过程中，随着刻蚀时间的推进，MoS₂/AAO 的形貌会随之变化，如图 5.10（b）所示。过短的刻蚀时间会导致 MoS₂/AAO 中 AAO 的刻蚀不完全，在最后干燥的样品中残留 AAO。以刻蚀 MoS₂/AAO 形成 MoS₂NT 为例，当刻蚀时间达 12h 时，MoS₂/AAO 开始塌陷形成混合物，这是由于 AAO 被部分蚀刻，其失去了支撑。当刻蚀 16h 时，AAO 会有局部残留，形成 MoS₂NT 团簇。当刻蚀 20h 时，

AAO 被完全蚀刻，最终得到了纯净的 MoS_2NT。

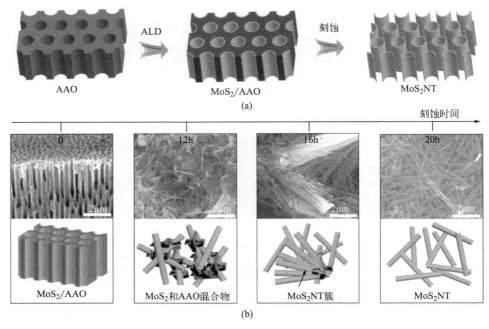

图 5.10　MoS_2 纳米管的制备示意图（a）以及 MoS_2/AAO 不同蚀刻时间的形貌变化（b）

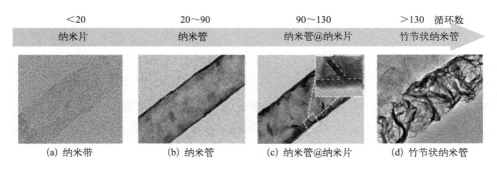

图 5.11　四种形貌 MoS_2 的 TEM 图像

通过调控 ALD 循环数可以在 AAO 的内壁上获得不同厚度和形貌的 MoS_2。在 AAO 被腐蚀掉后，会得到不同形状的 MoS_2。当 ALD 循环数少于 20 时，在 AAO 模板被蚀刻掉后不能形成空心管状结构，因为 MoS_2 长得比较薄（小于 2层），它会塌陷形成 MoS_2 纳米带（NR），如图 5.11（a）所示。当 ALD 循环次数在 20 ~ 90 之间时，可以形成 MoS_2NT，如图 5.11（b）所示，可以明显地观察到

MoS$_2$NT 两边的壁厚。当 ALD 循环次数在 90 ~ 130 之间时，纳米片在 MoS$_2$NT 的内壁上生长，形成 MoS$_2$ 纳米管 @ 纳米片（NTNS），如图 5.11（c）所示。这是因为 MoS$_2$ 在基底上首先是层状生长，之后会面外生长，这与 MoS$_2$ 在平面的生长过程相似。随着 ALD 循环次数继续增加到 130 以上，MoS$_2$ 内壁上的纳米片会连接起来，形成竹节状纳米管（BNT），如图 5.11（d）所示。

从图 5.12（a）可以看出，MoS$_2$NR 具有相同宽度，其是几乎透明的，可以透过 MoS$_2$NR 观察到基底的形貌，这主要是因为 MoS$_2$NR 的厚度只有 1nm 左右。MoS$_2$NT 随机错落地分布在基底上，形成纳米管网状结构，如图 5.12（b）所示。在其上面基本观察不到杂质的存在，纳米管是完全分散的，没有团簇存在，这也证实了在 2M NaOH 中刻蚀 20h 可以完全去除 MoS$_2$/AAO 中的 AAO。

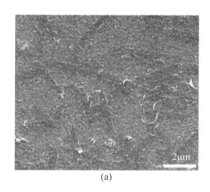

(a)   (b)

图 5.12 MoS$_2$NR（a）和 MoS$_2$NT（b）的 SEM

四种形貌的 MoS$_2$ 的电化学性能如图 5.13 所示。采用的三电极系统包含 Ag/AgCl 作为参比电极、石墨棒电极作为对电极，以及滴加 20mg 不同形貌 MoS$_2$ 的玻碳电极（3mm）作为工作电极。在含 5mM [Fe(CN)$_6$]$^{3-/4-}$ 的 0.1M KCl 的溶液中进行 −0.1 ~ 0.6V 的 CV 和 100kHz ~ 0.1Hz 的 EIS 测量。制造 MoS$_2$NR、MoS$_2$NT、MoS$_2$NTNS 和 MoS$_2$BNT 的 ALD 循环次数分别为 10、70、110 和 150。CV 结果显示，随着 ALD 循环数的增加，CV 的峰值电流逐渐下降，如图 5.13（a）所示。这是因为 MoS$_2$ 增加了玻碳电极的电阻，MoS$_2$NR 的量最少，因此其峰值电流最大。与 MoS$_2$NT 相比，MoS$_2$NTNS 和 MoS$_2$BNT 的内部 MoS$_2$ 增加了电阻，因此其峰值电流更小。EIS 结果显示，MoS$_2$NTNS 和 MoS$_2$BNT 的阻抗比 MoS$_2$NT 大，如图 5.13（b）所示，该结果与 CV 保持一致。

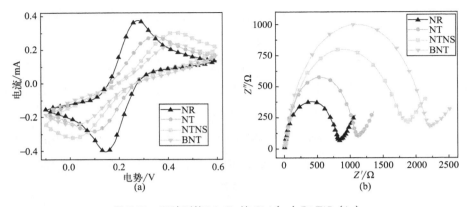

图 5.13 四种形貌 MoS₂ 的 CV（a）和 EIS（b）

为了具体评估这四种形貌对电化学生物传感器性能的影响，将它们作为电极材料，用相同浓度的探针 DNA 和目标 miRNA-182 进行修饰。探针 DNA 和 miRNA-182 的序列分别为 5′-SH-(CH₂)₆- UUU UUA GUG UGA GUU CUA CCA UUG CCA AA-3′和 5′-UUU GGC AAU GGU AGA ACU CAC ACU-3′。采用电化学中的差分脉冲伏安法（DPV）进行测试，将 miRNA/MCH/SH-DNA/AuNPs/MoS₂/GC 电极浸入 TB 溶液（20μM TB，0.2M NaCl，PBS pH7.4）中 5min 后，进行测量。图 5.14 中的插图显示了修饰有探针 DNA/AuNPs/MoS₂ 和 miRNA-182/ 探针 DNA/AuNPs/MoS₂ 的 DPV 结果。电流差（ΔI）越大越有利于 miRNA-182 的检测。MoS₂NT 的 ΔI 是 MoS₂NR 的两倍以上，也远大于 MoS₂NTNS 和 MoS₂BNT 的 ΔI。这表明管状 MoS₂ 比其它形貌的 MoS₂ 更有利于构建电化学生物传感器。

以不同纳米孔径（80nm、160nm、240nm、320nm 和 400nm）的 AAO 模板作为基底，通过 ALD 将不同循环的 MoS₂ 沉积在 AAO 表面（图 5.15）。和第 2 章制备的 MoS₂/AAO 相比，采用新的 AAO 模板制备的 MoS₂/AAO 纳米孔尺寸更加均一，MoS₂ 的形貌更加一致，能明显看到 MoS₂ 在上表面形成纳米片状。将 AAO 刻蚀后即可得到 MoS₂NT，通过控制 AAO 模板的直径可以获得不同直径的 MoS₂NT，通过控制 ALD 循环数就可以获得不同壁厚的 MoS₂NT，很容易实现 MoS₂NT 大规模可重复稳定制造。

TEM 显示了 MoS₂NT 具有良好的均匀性，不同纳米管的形貌几乎相同，如图 5.16（a）~（e）所示，这保证了后期生物传感器性能的可重复性。图 5.16（f）~（j）显示了通过调整 ALD 循环的次数得到的不同壁厚的 MoS₂NT。MoS₂ 的壁厚至少要有 2 层才能形成稳定的 MoS₂NT，如图 5.16（f）所示。当壁厚为 10 层时，MoS₂NT 的内壁已经开始出现纳米片，如图 5.16（j）所示。

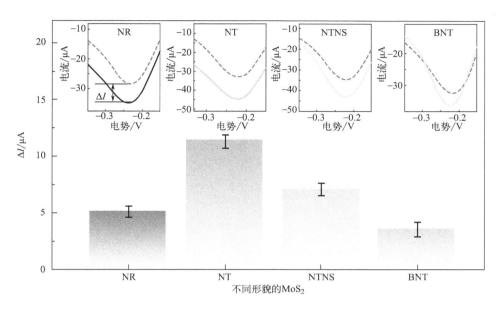

图 5.14　四种形貌 MoS₂ 的 DPV

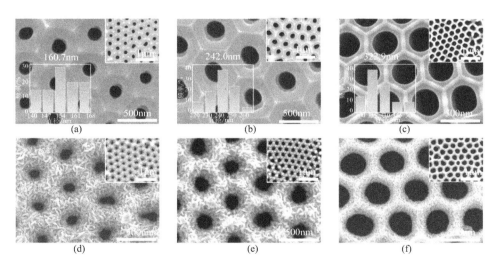

图 5.15　直径约为 160nm（a）、240nm（b）和 320nm（c）AAO 的 SEM 以及直径约为 160nm（d）、240nm（e）和 320nm（f）的 100-ALD-MoS₂/AAO 的 SEM

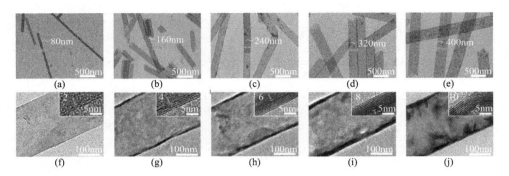

图 5.16 直径为 80nm（a）、160nm（b）、240nm（c）、320nm（d）和 400nm（e）且壁厚为 2 层的 MoS_2NT 的 TEM 以及壁厚为 2 层（f）、4 层（g）、6 层（h）、8 层（i）和 10 层（j）且直径为 160 nm 的 MoS_2NT 的 TEM

5.3.2 传感机理

为了将电化学传感器实用化和效益化，结合了智能手机的普适和便携性以及电化学测试方法快速检测和易操作的优点，开发了手机电化学传感器来实现及时检测（point-of-care Test，pOCT）。智能电化学传感器主要由丝网印刷电极（用于收集生物分子）、小型化检测电路装置（用于数据收集）和智能手机（用于数据处理）组成（图 5.17）。

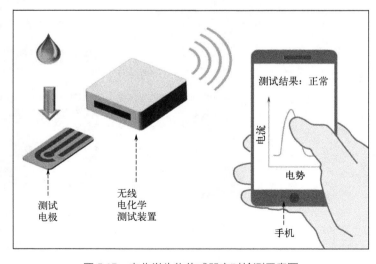

图 5.17 电化学生物传感器实时检测示意图

在进行生物分子修饰之前，首先在 MoS₂NT 原位生长 AuNPs。将 MoS₂NT 溶液倒入沸腾的四氯金酸（HAuCl₄·4H₂O）水溶液中，其中 MoS₂NT 与 HAuCl₄·4H₂O 的摩尔比为 8:1。将混合溶液加热并搅拌至再次沸腾，溶液沸腾 3min 后停止加热。HAuCl₄ 可在 MoS₂NT 表面通过自发氧化还原反应形成 AuNPs。最终，AuNPs/MoS₂NT 被成功制备出来。从 AuNPs/MoS₂NT 的 SEM 可以看出 AuNPs 均匀分散在 MoS₂NT 上，如图 5.18（a）所示，没有出现团聚现象。从 AuNPs/MoS₂NT 的 TEM 可以看出所制备的 AuNPs 的直径约为 15nm，如图 5.18（b）所示。

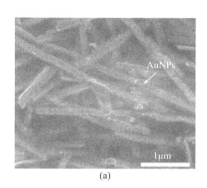 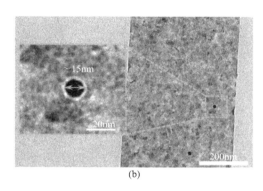

图 5.18 AuNPs/MoS₂NT 的 SEM（a）和 TEM（b）

将 AuNPs/MoS₂NT、探针 SH-DNA、MCH 和不同浓度的 miRNA-182 分别滴加到丝网印刷电极上，形成 miRNA/MCH/SH-DNA/AuNPs/MoS₂/ 电极。与纯 MoS₂NT 相比，AuNPs/MoS₂NT 的阻抗有明显下降，如图 5.19（a）所示，因为附着在 MoS₂ 纳米片上的 AuNPs 具有良好的导电性，电极表面的电子转移率大大增强。探针 DNA 被修饰后，阻抗继续增加。这是因为带负电的 DNA 在静电上排斥 [Fe(CN)₆]³⁻/⁴⁻ 分子。当目标 miRNA-182 加入后，它与探针 DNA 杂交形成稳定的双链结构，这增加了立体阻力并继续增加阻力。随着 AuNPs 和生物分子的连续修饰，氧化还原峰有了明显变化，如图 5.19（b）所示。EIS 和 CV 结果证实，基于 MoS₂NT 的便携式电化学传感器平台已经成功构建。

5.3.3 MoS₂ 纳米管生物传感应用验证

基于 MoS₂NT 的便携式电化学传感器，研究了不同浓度（从 10^{-17}M ~ 10^{-10}M）的 miRNA-182 的检测结果，如图 5.20（a）所示。随着 miRNA-182 浓度的增加，

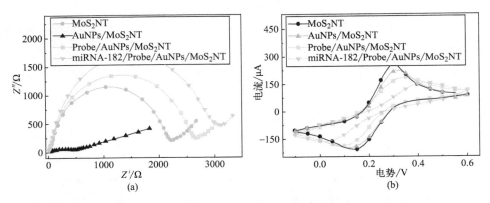

图5.19　生物传感器构筑过程中不同阶段的EIS（a）和CV（b）

与探针DNA杂交的双链miRNA分子的数量增加，导致电阻的增加和电流的减少。由MoS_2NT构建的电化学生物传感器具有最好的性能。峰值电流差（ΔI）和miRNA-182浓度在对数上显示出良好的线性关系，如图5.20（b）所示，线性回归方程为：$\Delta I（\mu A）=-3.17lg（c/M）-27.46$。其中，相关系数$R^2=98.7\%$，最低检测限为5.8aM（$S/N=3$），线性范围为$10^{-17}M \sim 10^{-10}M$。

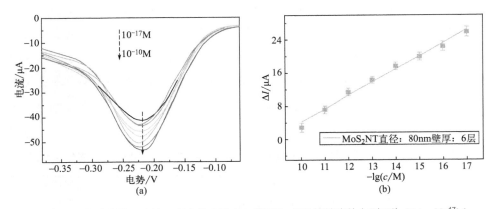

图5.20　不同浓度的miRNA-182的DPV，miRNA-182的浓度从上到下为0M、10^{-17}M、10^{-16}M、10^{-15}M、10^{-14}M、10^{-13}M、10^{-12}M、10^{-11}M和10^{-10}M（a）以及ΔI的平均值和不同miRNA浓度的对数之间的关系，分别来自五个同样制备的电极，误差棒=标准偏差（$n=5$）（b）

　　为了评估生物传感器的选择性，分别研究了单碱基和三碱基错配的miRNA-182的检测效果，如图5.21（a）所示。与miRNA-182相比，错配的miRNA的电流差值明显较小，说明该传感器具有良好的选择性，可用于复杂环境下目标 miRNA 的检测。并且，该传感器还有优异的可重复性，如图 5.21（b）所示，不同批次制造的电极对于 miRNA-182 的检测性能差异较小，进一步证实了 ALD 技术制造的 MoS_2NT 具有工业化的应用前景。

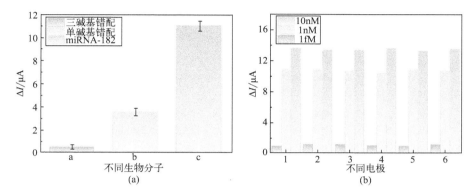

图 5.21 基于 MoS_2NT 的电化学生物传感器对 miRNA-182 的特异性检测（a）和可重复性检测（b）

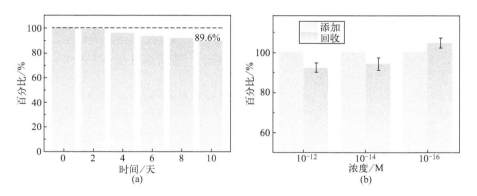

图 5.22 生物传感器基于时间的电流响应（a）以及生物传感器测定人血清样本中的 miRNA-182（$n=3$）（b）

为了评估生物传感器的长期稳定性，将修饰电极分别保持在 0 ~ 10 天检测其与初始值变化百分比，如图 5.22（a）所示。放置 10 天后，修饰电极的电流响应约为初始响应电流的 89.6%，表明制造的修饰电极能够有效防止探针 miRNA 脱落，具有良好的稳定性。为了评估生物传感器的实际适用性，将不同浓度（1pM、10fM 和 0.1fM）的 mi RNA-182 加入到人血清样品中，测试其回收率和检测性能。

回收率在 94.57% 和 104.12% 之间，如图 5.22（b）所示，表明基于 MoS₂NT 的便携式电化学传感器可用于检测实际人体中的目标 miRNA-182。

参考文献

[1]　盛庆林, 郑建斌. 电化学传感器构置及其应用. 北京 : 科学出版社 , 2013.

[2]　Lee J A, Hwang S, Kwak J, et al. An electrochemical impedance biosensor with aptamer-modified pyrolyzed carbon electrode for label-free protein detection. Sensors and Actuators B: Chemical, 2008, 129(1): 372-379.

[3]　Wang R, Ruan C, Kanayeva D, et al. TiO₂ nanowire bundle microelectrode based impedance immunosensor for rapid and sensitive detection of Listeria monocytogenes. Nano letters, 2008, 8(9): 2625-2631.

[4]　Zhou Y, Wang M, Meng X, et al. Amplified electrochemical microRNA biosensor using a hemin-G-quadruplex complex as the sensing element. RSC Advances, 2012, 2(18), 7140-7145.

[5]　李成帅 . 纳米材料的发展与应用 . 石化技术 , 2019 (1): 189.

[6]　Ozin G A, Arsenault A. Nanochemistry: a chemical approach to nanomaterials. Royal Society of Chemistry, 2015.

[7]　Luo D, Wu L, Zhi J. Fabrication of boron-doped diamond nanorod forest electrodes and their application in nonenzymatic amperometric glucose biosensing. ACS Nano, 2009, 3(8): 2121-2128.

[8]　Law W, Yong K, Baev A. Sensitivity improved surface plasmon resonance biosensor for cancer biomarker detection based on plasmonic enhancement. ACS Nano, 2011, 5(6): 4858-4864.

[9]　Luo X L, Xu J J, Wang J L, et al. Electrochemically deposited nanocomposite of chitosan and carbon nanotubes for biosensor application. Chemical Communications, 2005 (16): 2169-2171.

[10]　Chen H, Rim Y S, Wang I C, et al. Quasi-two-dimensional metal oxide semiconductors based ultrasensitive potentiometric biosensors. ACS Nano, 2017, 11(5): 4710-4718.

[11]　Li Y, Chernikov A, Zhang X, et al. Measurement of the optical dielectric function of monolayer transition-metal dichalcogenides: MoS₂, MoSe₂, WS₂, and WSe₂. Physical Review B, 2014, 90(20): 205422.

[12]　Su S, Cao W, Liu W, et al. Dual-mode electrochemical analysis of microRNA-21 using gold nanoparticle-decorated MoS₂ nanosheet. Biosensors and Bioelectronics, 2017, 94: 552-559.

6

ALD 应用于光电化学生物传感器

6.1 光电化学（PEC）生物传感器概述

自 1839 年贝克勒尔开创性地发现光电效应以来，光电化学已在光伏、光催化和传感等各个领域引起了广泛的研究关注[1]。光电化学（PEC）过程是指在光照条件下，分子、离子及半导体材料吸收光子后产生电荷分离和转移现象，从而完成了光到电的转换[2]。这种独特且有利的电荷转移机制为生物分析提供了新的平台，而光电化学生物传感器就是将光电化学与生物传感相结合，利用光电化学活性材料的转换特性而新兴的一种检测技术。在 PEC 检测中，光被用作激发源的同时以测量电流作为输出检测信号，这也恰好是电化学发光（ECL）的逆过程[3, 4]。而这种将光激发过程与电化学检测相结合的工作模式使得 PEC 传感器同时具有作为光学和电化学传感器的独特优势。具体而言，PEC 过程中激发源（光）和检测源（光电流）之间的分离提供了高灵敏度和低背景信号，并且与荧光、化学发光（CL）和 ECL 等光学检测技术耗时且需要昂贵复杂的光学成像设备和复杂的图像识别软件相比，基于光电流的检测使 PEC 传感变得更加简单和便捷。

基于 PEC 传感的生物检测装置通常包含三个必要的电极组件，包括一个工作电极（WE）、一个对电极（CE）和一个参比电极（RE），而 PEC 所产生的电荷转移则依靠三电极与电解质溶液的联动[5]。一般情况下，PEC 生物传感器的工作原理是：设定一定波长频率的光波直接照射激发修饰在生物传感器电极表面的光电化学活性材料，而当电极表面的目标识别元件同待测标志物结合后，对电极整体的光电化学性质产生一定的影响，从而形成光电流或光电压的信号变化[6]。最后，生物响应一般以可见信号的形式被收集记录，并且分析后可得到光电化学生物传感器检测的响应信号与待测标志物的浓度变化的对应关系[7-9]。因此，利用光电化学生物传感器检测信号的变化，我们可以预估计算目前标志物的浓度，从而实现对标志物的定量检测，这便是光电化学生物传感器的基本工作原理，如图 6.1 所示。

由于在 PEC 传感器中，分析物、光活性材料和电极之间必须发生一系列的电荷转移过程，以便有效地利用输出光电信号。因此，传感电极材料的光电性能成为了决定 PEC 传感器整体性能优劣与否的重要特征。此外，对于生物检测这一特定功能而言，能够进行对目标待测物的特异性识别是大部分实验测试都需要的基本要

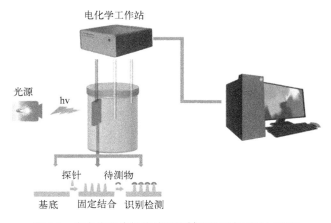

图 6.1 光电化学生物传感器的基本检测装置及原理图

求，这样就又对 PEC 传感系统中的光活性材料提了新的要求，那就是拥有一定的可进行生物修饰的操作空间。目前同时满足良好光电特性和可修饰性的 PEC 生物传感材料大体可分为三类，分别是无机半导体材料、有机化合物和复合材料。在此之中，无机半导体材料因其涵盖材料种类多样、合成成本较低以及电荷转移特性优良而成为占比最高的 PEC 传感活性材料。但同时由于带隙能级间距的存在，使得半导体在作为 PEC 传感活性材料时，价带中的电子通常需要捕获更高能量的光子才能实现电子激发。这一特性的存在导致了无机半导体材料应用于 PEC 传感电极时产生的响应相对较弱，不能满足灵敏检测传感的性能需求。为了解决这一根本问题，众多研究开始从无机半导体材料的光电性能出发，进行了物理结构优化和化学组分改性两种方式的探索。在物理结构优化方面，对活性材料进行微观物理结构和尺寸参数的再设计，有助于提升基础材料传输电荷能力的方法进而提升其光电响应；而化学组分改性则是对单一半导体进行掺杂或其他材料复合，其原理是基于复合材料中中间能级的构建能缓解单一材料光激发下电子空穴对易复合的问题。因此在 PEC 传感中，精确控制 PEC 活性电极材料的微观物理结构和化学组分对于提升其生物传感性能有着重要意义。然而，于半导体 PEC 活性材料内构建物理结构来提升其光电性能并非易事，其主要挑战在于微观层面的尺寸参数难以精确把控。此外，尽管复合材料的异质结构能够为传感电极带来一定提升，但在其组分占比控制上也有着相当的难度。而 ALD 技术在制备上的保形性和合成可控性则为解决上述问题提供了可行性。

作为一种特殊修改的化学气相沉积（CVD），原子层沉积（ALD）主要通过自限制性化学反应生长材料。通过在一个 ALD 循环中将一个完整的反应分为两个半反应，故而可以精准控制按时间顺序进行的化学反应。在原子层沉积期间，新原子层上的化学反应与上一层直接相关，这使得每个反应仅沉积一个原子层。由于具备这种自限制性的反应控制能力，ALD 不仅可以将膜的厚度控制在原子级，更可以在复杂结构的大面积基底上保持其生长均匀性。得益于上述的高保形性和自限特性，ALD 在合成 PEC 电极材料时可以和谐地运用构建物理结构和调控化学组分两大优化手段：一方面，通过选择生长模板以及循环数可以完成对其物理结构及尺寸的精确制备；另一方面，对脉冲参数的设置可以达到所构建异质结构中各组分的原子占比达到精确控制。此外，ALD 所制得材料表面往往还带有丰富的活性位点，这为后续的掺杂优化提供了优秀的改性基础，而这也使得 ALD 技术在 PEC 生物传感领域的应用有着极大的潜力和前景。

6.2　光响应纳米通道的 ALD 制造与调控

光响应纳米通道在化学、材料、生物等领域兴起，并在电池、离子传输、基因工程、基因组测序、化学分析和生物传感等领域引起了广泛关注[10-12]。受叶绿素捕捉太阳能实现植物中电子传输的启发，人造光响应纳米通道的离子传输能力可由光电转换效应精确控制，在超灵敏检测中发挥巨大作用。目前人造光响应纳米通道的策略一般是用光响应分子来修饰固态离子纳米通道，如采用羟基芘和偶氮苯等[13, 14]。然而，在各种固态纳米通道中，包括氮化硅、石英、AAO（阳极氧化铝）和有机聚合物（如聚对苯二甲酸乙二醇酯和聚酰亚胺），AAO 因其均匀的纳米通道尺寸、可调的孔隙密度和优异的稳定性，在光响应应用中拥有显著的优势[15]。对 AAO 进行适当的物理或化学修饰可以提高其在光响应应用中的性能。例如，MoS_2 具有优异的光吸收系数和较长的光激发载流子寿命，可以作为一种完美的半导体光电材料用于光响应纳米通道[16, 17]。

6.2.1 光响应纳米通道可控制造

作为光响应通道的结构母体，AAO 的合理选型是影响整体 PEC 传感性能的重要因素。市面上在售的 AAO 根据其孔径不同，可以被命名分类。从 AAO-150（表示孔径 150nm）的扫描电子显微镜（SEM）图片可以看出，整个 AAO 的厚度约为 95μm，AAO 的纳米通道是整齐而规则的［见图 6.2（a）］。双通的结构保证了后面实验中的离子传输，电解质离子在电压作用下，能够有序通过 AAO 的纳米通道。对于裸的 AAO-150，俯视图中能观察到孔径分布均一的纳米孔，纳米孔孔径平均为 151.92nm，其表面是光滑而平整的［见图 6.2（b）］。

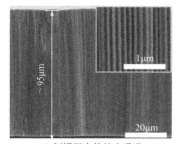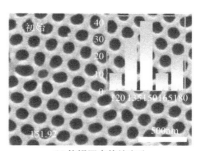

(a) 侧视图中的纳米通道   (b) 俯视图中的纳米孔

图 6.2 AAO-150 的 SEM 图

作为一种简单而稳定的生长保形和均匀薄膜的方法，ALD 可以被用来在不同孔径的 AAO 内壁上沉积 MoS_2 薄膜。由于沉积 MoS_2 的自限生长过程依托于载气吹送，并且其生长附着于 AAO 的内径壁上，所以 ALD 制备实验中循环次数这一工艺以及作为模板的 AAO 的自身孔径参数对最终沉积 MoS_2 的结果有着相当的影响，同时也决定着制备材料的形态特性。为了筛选最佳的制备循环数这一工艺参数，在 AAO 基底上通过 X 次 ALD 循环得到的厚度可控的 MoS_2 薄膜分别表示为 X-MoS_2/AAO。经过 10 次 ALD 循环后，AAO 表面出现了小的结晶或片状，而且 MoS_2 薄膜是不连续的［见图 6.3（a）］。而 50 个循环后表面的片状 MoS_2 变得更加明显，并且表面晶粒尺寸有明显的增加，更加趋向于颗粒状［见图 6.3（b）］。当 ALD 循环数增加到 90 时，AAO 纳米通道的直径减少了 **38.44%**，变成了 **93.52nm**［见图 6.3（c）］。随着 ALD 循环次数的增加，AAO 的纳米通道变得更加趋向于不规则形状，这是因为低曲率的纳米孔壁更易吸附前驱体，MoS_2 生长所受到弯曲应力更小，导致低曲率的孔壁上生长的 MoS_2 更厚。对于规则形貌的 AAO 纳米孔而言，ALD 生长的纳米孔内壁曲率是一致的，MoS_2 薄膜沿着孔壁均匀生长，纳米孔保持均匀地缩小。

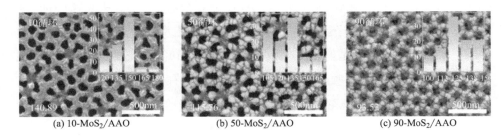

(a) 10-MoS₂/AAO　　　　(b) 50-MoS₂/AAO　　　　(c) 90-MoS₂/AAO

图 6.3　在 AAO-150 上生长的不同厚度 MoS_2 的 SEM 图像：直方图表示 ALD 沉积后 AAO 纳米孔的直径

作为模板的 AAO 孔径和 ALD 循环次数这两个制备参数搭配对光响应通道的成功搭建有着综合影响（见图 6.4）。对于最大孔径的 AAO-250，其纳米孔呈现出不规则的多边形形状。沉积 50 个循环后，仍能观察到清晰的纳米孔。在 90 个循环时，纳米孔上表面出现颗粒状 MoS_2，孔径明显缩小。对于 AAO-200 而言，其初始纳米孔径也是不规则的，基本上很难观察到严格的圆形。由于 AAO 纳米孔道四周的曲率不同，所以 MoS_2 在不同的纳米孔内部生长速率也是不同的。当生长 90 个 ALD 循环后，孔径较小的纳米孔已经被堵塞，而较大的纳米孔仍然保持完好。对于纳米孔直径最小的 AAO-100，其初始纳米孔是最规则的，基本上都保持圆形。当循环数为 50 时，其上表面能观察到明显的颗粒状 MoS_2。当 ALD 循环数进一步增大到 90 时，其上表面的颗粒状更加明显，纳米孔基本上被完全堵塞，而这种情况显然不能满足传感器的制备要求。

随着 ALD 循环数的增加，MoS_2 在（002）的衍射峰有一个明显增强，说明

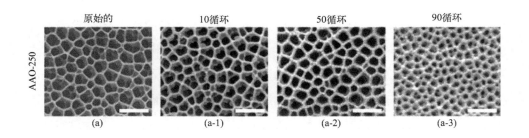

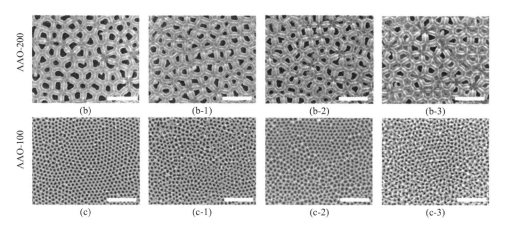

图 6.4 在 AAO-100（a）、AAO-200（b）和 AAO-250（c）上分别沉积 10 个、50 个和 90 个 ALD 循环的 MoS₂ 的 SEM 图，标尺为 1μm

MoS₂ 的厚度越来越大。同时，衍射峰还能观察到有一个明显的右移。由于 AAO 内壁是不规则的，所以 ALD 在 AAO 内壁上生长的 MoS₂ 不是以理想的方式一层一层地生长，可能会出现缺陷 / 错位，从而导致层间距离随着 ALD 周期数的增加而扩大（见图 6.5）。

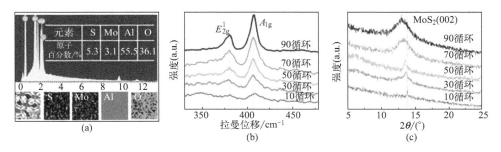

图 6.5 10-MoS₂/AAO-150 的 EDS 光谱和元素映射图（a）、Raman 光谱（b）和 XRD（c）

6.2.2 光响应通道电流传输调控

以 ALD 通过化学吸附和自限性化学反应精确生长 MoS₂ 薄膜，有望能在 AAO 上沉积具有超高长径比的 MoS₂ 薄膜来形成光响应纳米通道应用于 PEC 传感。由于 ALD 制备的生长可控特性，所制得材料具有在保留 AAO 独特孔道结构的同时

MoS₂ 薄膜生长厚度亦可控的特性。在原理角度出发上，这种结构优势对 PEC 传感的优化有着切实的增益作用。一方面，光响应纳米通道可以产生光激发电流用于光电传感[18]；另一方面，AAO 纳米通道还具有离子传输电流的作用，故其检测灵敏度还可以被离子电流额外提升。这也使得通过使用 ALD 在 AAO 的表面和通道内沉积 MoS₂ 薄膜，制造光响应纳米通道用以提升其 PEC 生物检测性能这一策略有着相当的应用价值和可行性。

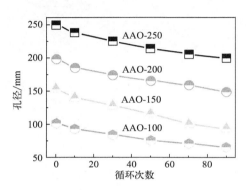

图 6.6 不同 ALD 循环下 AAO 孔径的变化

从图 6.6 可以看出，随着 ALD 循环次数的增加，AAO 纳米通道的直径呈线性下降，四种孔径的 AAO 的变化趋势基本上保持一致。因此，AAO 纳米通道大小可以被 ALD 精确调控，以此来调控 MoS₂/AAO 的性能。由于 MoS₂ 的光电半导体特性，MoS₂ 的 ALD 循环次数越多，光电流强度就越高，但也会缩小纳米通道的尺寸，这对离子传输不利。因此，为了平衡光电性能和离子传输性能，有一个最佳的 ALD 周期数。在后续的实验中，通过光电流的强度及生物检测的性能来确定最佳的 ALD 循环数及 AAO 孔径大小。

以含有 5.0mM [Fe(CN)₆]³⁻/⁴⁻ 的 0.1M 氯化钾为电解质溶液，并用 MoS₂/AAO 光响应纳米通道作为电化学工作站（CHI660E）的工作电极，饱和甘汞电极作为参比电极及铂丝作为对电极，采用频率从 100kHz ~ 0.1Hz 测试其电化学阻抗光谱（EIS）。同时，在外加电压为 0.1V 下和含有 0.1M 抗坏血酸（AA）的磷酸盐缓冲溶液（PBS）中测试了 MoS₂/AAO 光响应纳米通道的光电流响应（见图 6.7）。EIS 被用作表征不同周期的 MoS₂/AAO-150 电极的界面特性的有效方法，电子转移阻抗（R_{et}）等于半圆的直径，反映了电子转移过程中 MoS₂/AAO 和溶液的扩散极限[19]。由于在 AAO 上沉积了更多导电性差的 MoS₂，R_{et} 随着循环次数的增加而增加。

在外加电压为 0.1V 下和含有 0.1M 抗坏血酸（AA）的磷酸盐缓冲溶液（PBS）中测试了 MoS₂/AAO 光响应纳米通道的光电流响应 [见图 6.7（b）]。光电流随着 ALD 循环数的增加先增加后减少，当 ALD 循环数为 70 时，光响应纳米通道的光

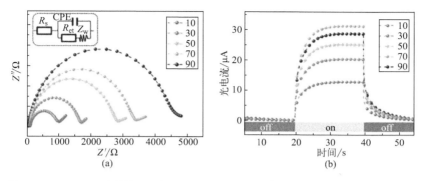

图 6.7　AAO-150 上修饰不同循环 MoS₂ 的 EIS（a）和光电流响应（b），示意图
[（a）中的插图] 由溶液电阻（R_s）、电子转移电阻（R_{et}）、恒相元素（CPE）和沃伯格
阻抗（Z_w）组成

电流强度达到最大。作为一种光电半导体，MoS₂ 在激光照射下会产生光生电流，同时由于导电性差，也会影响电子传输。MoS₂ 的电子传输性能随着 MoS₂ 层数的增加而恶化。然而，只有外表的 MoS₂ 可以接受光子能量，从而导致光生电子的增加，然后稳定下来。因此，基于 70 个 ALD 循环 MoS₂ 修饰 AAO（70-MoS₂/AAO）制备的光响应通道拥有着最适合进行 PEC 生物传感的光电性能（图 6.8）。

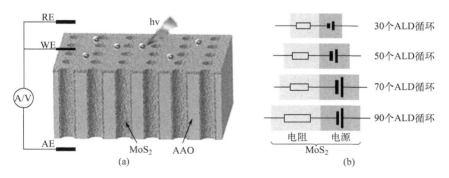

图 6.8　MoS₂/AAO 产生光生电流的示意图（a）以及解释 MoS₂ 的等效"电阻"和"功率"随
循环数变化的示意图（b）

6.2.3　光响应纳米通道生物传感器应用验证

在制备 MoS₂/AAO 纳米通道后，金纳米颗粒（AuNPs）首先被沉积在 MoS₂/AAO 上。使用蒸发镀膜机（GSL-1800X-ZF4，中国科晶）以 0.02nm/s 的沉积速率和 10min 的时间形成 AuNPs。AuNPs 不仅可以增强 MoS₂ 薄膜的光电子发生能

力，并通过 Au—S 键将巯基（SH—）修饰的探针 DNA 固定在 AuNPs/MoS₂/AAO
电极上。在生物检测过程中，经常采用 AuNPs 作为探针连接的位点。这样做的目
的是使 AuNPs 不仅存在于 AAO 的纳米孔上表面，也均匀分散于 AAO 的纳米通
道内部，这确保了后续探针 DNA 能在 AAO 的内部结合。所构筑的器件用于检测
microRNA-155（miRNA-155），它被认为是癌症（如乳腺癌）诊断和预后的生物
标志物[20]。在进行 miRNA 测试之前，首先将不同的生物分子有序地修饰到光响
应纳米通道上（见图 6.9）。

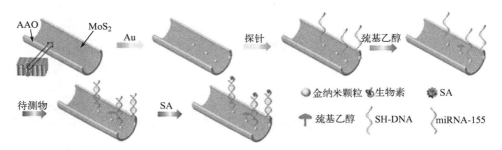

图 6.9 光响应纳米通道修饰生物分子过程的示意图

基于"U"型液池的自制生物传感器被采用来实现 miRNA-155 的检测［见图
6.10（a）］，各部分具体的尺寸如图 6.10（b）所示。"U"型液池由左右两个液池构成，
分别为接收池和进样池，中间有 5mm 的孔用于左右液池离子的传输。MoS₂/AAO
光响应纳米通道与大孔隙率（>85%）的银网连接作为工作电极，银网确保它不会
堵塞纳米通道而影响离子在纳米通道内的传输。左边液池（接收池）放置对电极，
右边液池放置参比电极。在测试过程中，通过工作电极和对电极的电势差来控制离
子的传输。在生物检测过程中，纳米通道中内修饰的一系列生物分子会阻碍离子传
输，进而影响电流变化。与传统的 PEC 生物传感器相比，不同数量的 miRNA-155
不仅影响光激发电流，而且还影响从进样池到接收池的离子传输电流。因此，该装
置采用电流信号来识别 miRNA 的浓度，可以提高检测灵敏度。

该光电化学生物传感器的检测机制如图 6.11（d）所示。AuNPs/MoS₂/AAO 材
料具有良好的光电转换效率，被用作工作电极，其中 AuNPs 可以提高 MoS₂ 的光
生电子能力，延长了电子-空穴对的复合时间。在 PEC 传感中，激发光源的波
长、功率和入射角无疑对整体光电反应的进行程度有着重要影响。在 50mW 的激

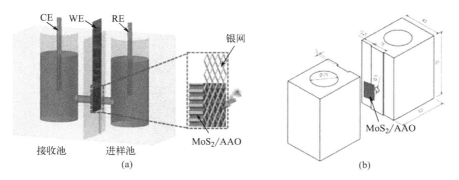

图 6.10 基于 MoS_2/AAO 光响应纳米通道的 PEC 生物传感器的示意图（a）以及传感器的各部件的实际尺寸（b）

光功率和 45° 的入射角下，研究了激光波长对生物传感器光电流响应的影响，包括 405nm、450nm、532nm、660nm 和 780nm 激光的照射 [见图 6.11（a）]。在 450nm 的激光照射下获得最大电流，所以这个波长的激光被选为最佳光源。在 450nm 的波长和 45° 的入射角下，入射激光的强度被作为一个变量。当入射激光强度为 80mW 和 100mW 时，光电流变化很小，几乎保持一致，如图 6.11（b）所示。由于高功率的激光长时间照射会损坏电极，所以 80mW 是最佳的激光强度。在 450nm 波长和 80mW 的激光强度下，不同的入射角会对光电流产生影响，这是因为入射激光需要穿过有机玻璃和溶液才能到达 MoS_2/AAO 电极。当入射角为 0° 和 90° 时，几乎没有电流，这可能是由于溶液导致了光强度的衰减，没有激光照射到电极的前表面。结果显示，当入射角度为 60° 时，电流最大 [见图 6.11（c）]。综上所述，波长、功率和入射角分别为 450nm、80mW 和 60° 的激光为 ALD 所制造光响应通道传感电极进行 miRNA 检测的激发光源条件。

在优化的条件下，研究了光电流和 miRNA-155 浓度之间的关系。分别测量了 miRNA-155 的浓度为 10^{-10}M、10^{-11}M、10^{-12}M、10^{-13}M、10^{-14}M、10^{-15}M、10^{-16}M 和 10^{-17}M 时，光电流的变化。如图 6.12（a）所示，当 miRNA-155 的浓度在 10^{-17}M 和 10^{-12}M 之间时，基于 100nm 的 AAO 纳米通道的生物传感器的电流随着浓度的增加而迅速下降。然而，当浓度超过 10^{-12}M 时，电流的变化就不再明显了。这是因为 AAO-100 有较大的表面积来吸附导电性差的生物大分子，而较小的纳米通道更容易被生物大分子堵塞，影响离子传输。对于 AAO-150 [见图 6.12（b）]

和 AAO-250 [见图 6.12（c）]，由于导电性的下降，电流随着 miRNA-155 浓度的增加而增加。由于 AAO-250 的孔径较大，不同 miRNA-155 浓度下的光电流下降明显，其对于 10^{-16}M 和 10^{-10}M 之间的 miRNA-155 检测性能较好。AAO-250 基

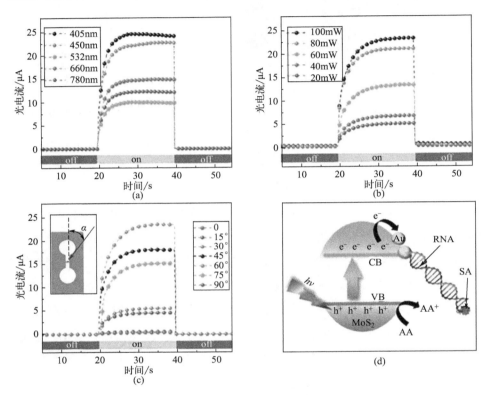

图 6.11 波长（a）、强度（b）和照射激光的入射角（c）对光电流的影响，（c）中的插图代表检测装置的俯视图，α 表示激光的入射角，以及生物传感器的光电流产生机制示意图（d）

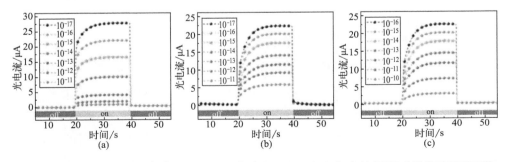

图 6.12 基于 AAO-100（a）、AAO-150（b）和 AAO-250（c）的 PEC 生物传感器对不同浓度的 miRNA-155 的光电流响应

生物传感器无法识别 10^{-17}M 的 miRNA-155，其检测极限弱于 AAO-100 和 AAO-150 基 PEC 生物传感器。

如图 6.13（a）所示，对于基于 AAO-150 的 PEC 生物传感器，在 0.01fM ~ 0.01nM 范围内，miRNA-155 浓度的对数值与电流呈线性关系。

线性回归方程为 I（mA）$=-2.77$lg（c/M）-24.57，检测极限为 3aM，检测极限的计算过程如下[21]：

首先，按以下公式计算空白电极的标准偏差：

$$S = \sqrt{\frac{1}{N-1}\sum_{i-1}^{N}\left(X_i - \bar{X}\right)^2} \qquad (6.1)$$

式中，X_i 表示每次测试的光电流值；$\bar{X}$ 表示光电流的平均值；N 表示测试的次数。

通过以下公式计算出检测极限（LOD）：

$$LOD = \frac{3S}{N} \qquad (6.2)$$

式中，S 表示空白电极的标准偏差；N 表示线性方程的斜率。

基于 AAO-250 的 PEC 传感器的线性方程为 I（mA）$=-3.23$lg（c/M）-28.26，检测限为 0.02fM（$S/N=3$）。虽然基于 AAO-100 的生物传感器的检测限为 8aM（$S/N=3$），与 AAO-150 相差不大，但它只在 10^{-16}M 和 10^{-12}M 之间表现出良好的线性关系。因此，基于 AAO-150 的生物传感器的综合检测性能要优于基于 AAO-100 或 AAO-250 的 PEC 生物传感器。

事实上，基于不同纳米通道的 AAO 的生物传感器具有不同的检测性能，主要由三个方面引起［见图 6.13（b）］：①随着 AAO 纳米通道尺寸的增加，用于沉积 MoS_2 的有效面积会相对减少。表面上 MoS_2 的减少导致了光生电流的下降。②在生物传感器的制造过程中，由于 MoS_2 的减少，较少的生物分子可以与 AAO/MoS_2 结合，这阻碍了 AA（电子供体）与电极表面的接触。因此，尺寸过大的 AAO 是不利于检测的。③纳米通道尺寸的减小导致离子传输性能的恶化，而结合在通道表面的生物大分子又加强了这种影响。总之，尺寸过大和过小的 AAO 纳米通道都不利于检测。在这项工作中，基于 AAO-150 的 PEC 生物传感器对于 miRNA-155 的

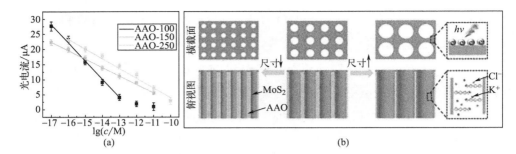

图 6.13 电流与 miRNA-155 浓度的对数的关系曲线，误差棒代表了五次测量的标准偏差（a）以及基于不同大小的 AAO 纳米通道的 PEC 生物传感器的工作机制（b）

检测极限最低。

除了响应灵敏度以外，检测行为的特异性也是衡量所制备的生物传感器性能的优劣的重要指标，也就是区分碱基错配序列的能力。以 SH-DNA/Au/MoS$_2$/AAO 与浓度为 1fM 的互补、碱基不互补和三碱基不互补的 miRNA 进行了比较，分别计算了电流变化（DI=I_1-I_2，其中，I_1 和 I_2 分别是在 SH-DNA/MoS$_2$/AAO 和 SA/miRNA/SH-DNA/AuNPs/MoS$_2$/AAO 中测量的光电流值）。从图 6.14（a）可以看出，DI 随着 miRNA 和探针之间的碱基互补程度逐渐降低，表明只有互补链才能与探针形成稳定而有效的双链。miRNA-155、单碱基错配 miRNA 和 miRNA-21 的相对标准偏差（RSD）分别为 3.24%、4.82% 和 4.76%，这表明该传感器具有很好的特异性。

此外，由于传感器在精确检测方面的性能表现得相当灵敏，这使得其传感信号的重复稳定性也成为了一项综合考量 PEC 生物传感器性能的重要指标。在 400s 的测定过程中，记录了 10 个重复开/关光周期的电流反应［见图 6.14（b）］，生物传感器的光电流响应没有明显变化，这说明该 PEC 生物传感器具有长时间稳定性。在一个测试周期中，光电材料不会从电极上脱落。图 6.14（c）显示了六个独立的 PEC 生物传感器分别在 0.01fM、0.01pM 和 0.01nM 时检测目标 miRNA 所得到的电流。六个同样制备的电极的电流反应差别不大，0.01fM、0.01pM 和 0.01nM miRNA-155 的 RSD 分别为 1.96%、2.14% 和 6.83%，这证明生物传感器可以重复使用。

在本节中，通过 ALD 在 AAO 上可控修饰 MoS$_2$ 作为光响应纳米通道为基础，设计了一种新型的光电化学生物传感器，用于超灵敏检测 miRNA-155。MoS$_2$/

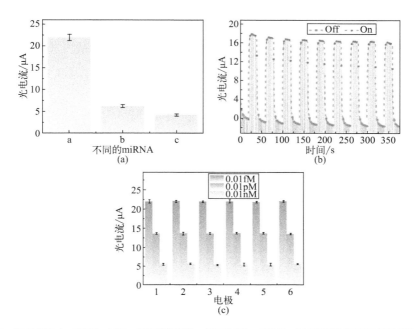

图 6.14 与 0.01fMmiRNA-155、单碱基错配 miRNA 和 miRNA-21 杂交的传感器的选择性（a），生物传感器基于时间的电流反应（b）以及六个同样制造工艺的电极对 0.01fM、0.01pM 和 0.01nM miRNA-155 检测的电流响应，误差棒 = 标准偏差（n=4）（c）

AAO 光响应纳米通道不仅可以作为光电异质结半导体产生光激发电流，还可以作为离子传输通道产生离子电流。双电流的协同效应有利于放大检测信号。在 AAO 纳米通道直径为 150nm、ALD-MoS$_2$ 循环数为 70 的最佳参数下，传感器对 miRNA-155 的超灵敏检测限为 3aM，线性范围为 0.01fM ～ 0.01nM。应用 ALD 技术制造光响应纳米通道具有一定的通用性。同时，将普通 PEC 生物传感器与纳米通道相结合的策略为提高生物传感器的检测性能提供了新的方向。

6.3 Pt/MoS$_2$ 纳米管的 ALD 制造与调控

单原子催化剂（SACs）由于其强大的金属－载流子相互作用、特殊的配位环境和量子尺寸效应，因而表现出非凡的催化活性[22-24]。SACs 已被广泛用于能源工业，如甲醛氧化、CO 氧化和水分离[25-27]。当 PEC 生物传感器与 SACs 结合时，它们可以加速电极－电解质界面的氧化还原反应，避免光生载体在表面的积累[28]，防止光电流的衰减和光活性材料的失效[29]。因此，开发基于 SACs 光活性材料的 PEC 生物传感器是迫切需要的。在许多 SACs 中，铂（Pt）被认为是最有效的氢气析出反应（HER）的催化剂[30-32]。用铂原子修饰的 MoS_2 纳米片在 PEC 水分离中的应用证实了其高光电流响应和催化活性[33]。

6.3.1　Pt/MoS₂ 纳米管可控制造

图 6.15（a）展示了 Pt/MoS₂NT 的制备过程，以先前制备的 MoS₂NT 作为载体，通过光热反应将 Pt 原子修饰到 MoS₂NT 上。直径均一、易于被刻蚀的 AAO 被用作模板［见图 6.15（b）］。ALD 的高保形性和自限制反应确保了 MoS_2 能够可控地和均匀地生长在 AAO 内孔壁上，50 个循环的 MoS₂/AAO 的 SEM 能够清晰地观察到在 AAO 表面上生长着致密的 MoS_2 纳米片［见图 6.15（c）］。当 AAO 被完全刻蚀后，随机排布的 MoS₂NT 薄膜在电极上形成［见图 6.15（d）］，均匀分散的 MoS₂NT 有利于提高生物传感器的可重复性。将 MoS₂NT 与 0.1mM 氯铂酸（H_2PtCl_6）溶液混合，并用 500W 的氙灯照射 30min。反应后，用去离子水清洗样品，最后获得的材料即为 Pt/MoS₂NT。高角度环形暗场扫描透射电子显微镜（HAADF-STEM）在 FEI Themis Z 上进行，并进行了像差校正。通过 HAADF-STEM 和强度曲线确定了 Pt 是以原子的形式修饰于 MoS₂NT［见图 6.15（e）］。

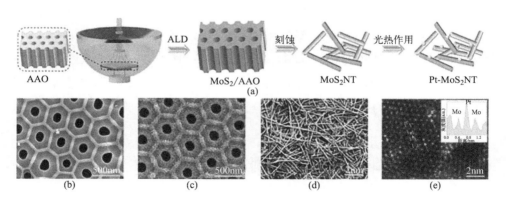

图 6.15　Pt/MoS₂NT 的制备示意图（a），AAO（b）、MoS₂/AAO（c）和 MoS₂NT（d）的 SEM 以及 Pt/MoS₂NT 中铂原子的 HAADF-STEM 以及［（e）中的插图］沿标记矩形拍摄的 HAADF 强度曲线（e）

在制备 Pt/MoS₂NT 过程中，与前面所述方法类似，通过控制 ALD 的循环数和 AAO 模板的孔径获得了不同壁厚和不同孔径的 MoS$_2$NT 作为 Pt 原子载体。为了获得更加均匀的 MoS$_2$NT，AAO 模板在使用前先进行 SEM 表征，从中选择尺寸均一的 AAO 作为模板。本章采用的 AAO 模板直径分别为 30nm、70nm、100nm、200nm 和 300nm［见图 6.16（a）~（e）］。在 ALD 沉积之前，使用丙酮、无水乙醇、去离子水洗净 AAO，然后用氧等离子体对 AAO 处理 5min，接着采用 ALD 技术在 AAO 内表面生长不同循环的 MoS$_2$。

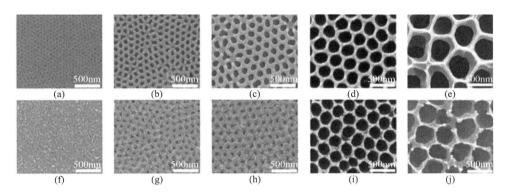

图 6.16 AAO-30（a）、AAO-70（b）、AAO-100（c）、AAO-200（d）、AAO-300（e）、50-MoS$_2$/AAO-30（f）、50-MoS$_2$/AAO-70（g）、50-MoS$_2$/AAO-100（h）、50-MoS$_2$/AAO-200（i）和 50-MoS$_2$/AAO-300（j）上表面的扫描电镜图像，AAO-30、AAO-70、AAO-100、AAO-200 和 AAO-300 表示 AAO 的直径分别为 30nm、70nm、100nm、200nm 和 300nm

在 AAO 上分别修饰不同厚度的 MoS$_2$ 薄膜［见图 6.16（j）和图 6.17］，在 AAO 的上表面上，能清晰地看到片状 MoS$_2$。随着循环数的增多，MoS$_2$ 的片状越多，纳米孔的尺寸在缩小。对于大孔径的 AAO-300 而言，50 个 ALD 循环修饰的 AAO 仍然保持较大孔隙率。

当不同 ALD 循环修饰的 MoS$_2$/AAO 被刻蚀后，可以获得不同厚度的 MoS$_2$NT。MoS$_2$NT 可视为卷曲的几层 MoS$_2$ 片，其条纹间距为 0.62nm，对应于其（002）平面，表明 MoS$_2$ 从单壁纳米管逐层生长到多壁纳米管。10 个、30 个和 50 个 ALD 循环获得的 MoS$_2$NT 的厚度分别为 1 层、4 层和 7 层（图 6.18）。直径均一的 MoS$_2$NT 有助于提高 Pt 原子负载的均匀性，这有利于提高 Pt/MoS$_2$NT 的催化稳定性，及减少开发的生物传感器的测量误差。

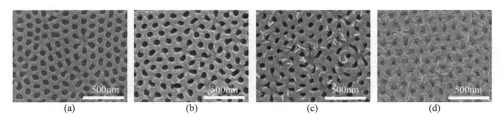

(a)　　　　　　　　　(b)　　　　　　　　　(c)　　　　　　　　　(d)

图 6.17 直径为 70 nm 的 AAO（a）、10-MoS$_2$/AAO（b）、30-MoS$_2$/AAO（c）和 50-MoS$_2$/AAO（d）上表面的 SEM，10-MoS$_2$/AAO、30-MoS$_2$/AAO 和 50-MoS$_2$/AAO 分别代表在 AAO 基底上通过 10 次、30 次和 50 次 ALD 循环获得的 MoS$_2$ 薄膜

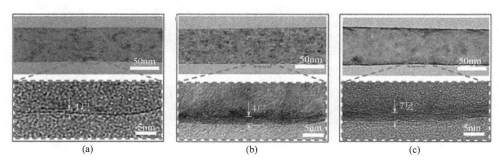

(a)　　　　　　　　　(b)　　　　　　　　　(c)

图 6.18 分别经过 10 个（a）、30 个（b）和 50 个（c）ALD 循环获得的 MoS$_2$NT 的 TEM

光热反应后获得了 Pt/MoS$_2$NT，Pt 原子的分布由 HAADF-STEM 图像确定（见图 6.19），其中箭头所指的亮斑为 Pt 原子。能够观察到稍暗的亮斑按阵列排布，这表示 MoS$_2$ 中的 Mo 原子，更亮的亮斑表示 Pt 原子均匀地分散在 MoS$_2$NT 表面，单个 Pt 原子正好占据了 Mo 原子的位置，没有明显的 Pt 纳米团簇存在。

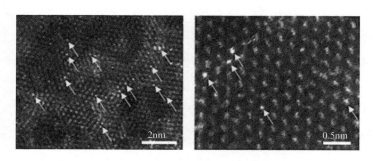

图 6.19 Pt/MoS$_2$NT 中 Pt 原子的 HAADF-STEM 图像

6.3.2 单原子分布催化调控

在先前的介绍中，通过研究 AAO/MoS$_2$ 光响应通道的 PEC 性能发现其二硫化钼的结构形态对于整体传感性能有着一定程度的决定作用。而充当模板存在的 AAO 尽管辅助定向了 ALD 制备 MoS$_2$ 的生长，但二者的光电属性配合显然并不能完美展现 MoS$_2$ 的优良特性。纳米管结构具有高表面积和优良光电性能的优点，因此被广泛应用于构建高性能传感器。同时，ALD 的优良的三维共形性特点可以在复杂的 3D 结构上均匀包覆薄膜材料，继而 TMDs 的形貌可以通过改变基底的三维形貌来进行精确调控。鉴于此，ALD 的高保形性能够确保 MoS$_2$ 能够可控地和均匀地生长在 AAO 内孔壁上，这为单原子催化剂的分布提供了广泛且均匀的活性位点，更为相应的 PEC 传感性能优化增加了可能。

不同直径的 MoS$_2$NT 作为 Pt 原子的负载，会导致 Pt 原子存在的形式不同，如图 6.20 所示。随着纳米管直径的减小，Pt 原子更有可能聚集成图簇，而不是单原子分散。Pt/MoS$_2$NT@30 比 Pt/MoS$_2$NT@100 和 Pt/MoS$_2$NT@200 有更多的 Pt 团簇。但直径过大的 MoS$_2$NT 会使得其上负载的 Pt 原子过少，Pt/MoS$_2$NT@200 上的 Pt 含量最少［见图 6.20（c）］。

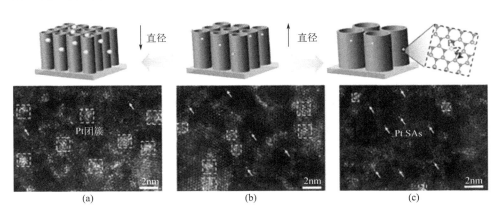

图 6.20　Pt/MoS$_2$NT@30（a）、Pt/MoS$_2$NT@100（b）和 Pt/MoS$_2$NT@200（c）的 HAADF-STEM 图像，Pt 团簇和单原子分别用方框和箭头标出

Pt/MoS$_2$NT 中的 Pt 原子含量通过电感耦合等离子体质谱法（ICP-MS）测定。ICP-MS 在 Agilent 7700 上进行，辅助流量为 1.50L/min。Pt/MoS$_2$NT 中的 Pt 原子含量为 0.13%，并且通过 EDS 元素图谱［见图 6.21（a）］也证实了 Pt 在 MoS$_2$-

NTA 上的成功分布。图 6.21（b）展示了不同管径的 Pt/MoS$_2$NT 的 Pt 原子含量，随着 MoS$_2$NT 直径的增加，Pt 原子的含量减少。Pt/MoS$_2$NT@30 的 Pt 原子含量高达 2.26%，而 Pt/MoS$_2$NT@300 的 Pt 原子含量只有 0.54%。Pt/MoS$_2$NT 中过多的 Pt 原子会导致 Pt 原子聚集成团簇，而过少的 Pt 原子会影响催化活性。

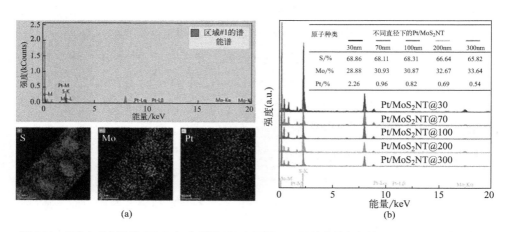

原子种类	不同直径下的Pt/MoS$_2$NT				
	30nm	70nm	100nm	200nm	300nm
S/%	68.86	68.11	68.31	66.64	65.82
Mo/%	28.88	30.93	30.87	32.67	33.64
Pt/%	2.26	0.96	0.82	0.69	0.54

(a)　(b)

图 6.21　Pt/MoS$_2$NT 的 EDS（a）以及 EDS 显示了不同纳米管直径的 Pt/MoS$_2$NT 中不同元素的原子百分比（b）

在 Pt/MoS$_2$NT 的光电化学性能测试过程中，使用电化学工作站（CHI660E）测试了 EIS、CV 和瞬态光电流响应。使用的是典型的三电极系统：用活性材料修饰的 ITO（有效面积：25mm^2）作为工作电极，石墨电极作为对电极，饱和甘油电极作为参比电极。图 6.22 展示了制作工作电极的详细步骤。在 PEC 测试中，上端暴露的 ITO 与工作电极夹相连。电解液的液面与聚四氟乙烯接触，以确保有效面积完全浸入电解液中。

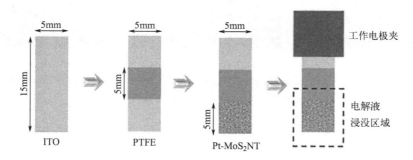

图 6.22　制作工作电极的详细步骤

EIS 测试以含有 5.0mM［Fe(CN)$_6$］$^{3-/4-}$ 的 0.1M KCl 混合物为氧化还原探针，频率范围为 0.1Hz ~ 100kHz。在 CV 测试中，电压范围为 −0.1 ~ 0.6V，扫描速率为 50mV/s，静止时间为 2s，电解质溶液为含有 5.0mM［Fe(CN)$_6$］$^{3-/4-}$ 的 0.1M KCl 溶液。光电流反应是通过自制的测试系统记录的，光源和电极系统分离（见图 6.23）。设置的偏置电位为 0.2V，测试前 10min 吹入 N$_2$，以减少溶解氧对光电流的影响。测量光电流的电解液为含 0.15mM AA 的 0.2M Na$_2$SO$_3$。在 PEC 试验中，电解质 AA 作为电子供体。Na$_2$SO$_3$ 被用作空穴清除剂，以抑制光腐蚀并提高光电流的稳定性[34]。

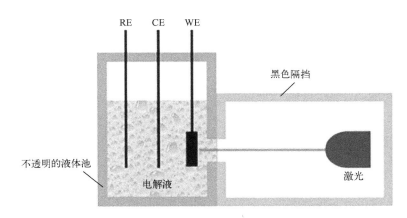

图 6.23 光电化学测试系统的示意图

瞬时光电流响应是 PEC 性能的一个重要表征。在光照下，Pt/MoS$_2$NT 表现出明显的光电流强度，大约是 MoS$_2$NT 的两倍［见图 6.24（a）］。在 EIS 图中，电子转移电阻与高频区的半圆直径呈正相关。Pt/MoS$_2$NT 拥有比 MoS$_2$NT 更小的半圆直径［见图 6.24（b）］，表明 Pt/MoS$_2$NT 的转移电阻更低。Pt 原子修饰加速了电荷转移，避免了光电流的衰减和 Pt/MoS$_2$NT 的失活。Pt/MoS$_2$NT 比 MoS$_2$NT 表现出明显的光电流强度，这不仅是因为 Pt/MoS$_2$NT 具有较小的电阻，而且还因为 Pt 的等离子体原始效应可以放大电流信号。显著增强的光电流信号有利于在降低激发能量的情况下检测超低浓度的生物分子。

如图 6.24（c）所示，在 340nm 的激发波长下测量了 MoS$_2$NT 和 Pt/MoS$_2$NT 的时间分辨光致发光衰减光谱（TRPL），并以双指数模型拟合了衰减曲线。与 MoS$_2$NT 相比，Pt/MoS$_2$NT 的平均寿命从 12.57ns 下降到 9.89ns，表现出快速的衰变动力学特征，这表明 Pt/MoS₂NT 在光的作用下存在非辐射衰变路径。Pt 和 MoS₂NT 之间电子迁移通道的存在证明了它们之间形成了肖特基结。铂和 MoS₂NT 之间的肖特基结可以导致光生电子向 Pt 聚集，从而有效地抑制了 MoS₂NT 的电子-空穴对的重新结合。

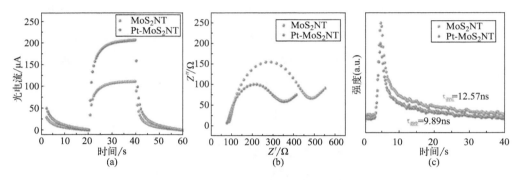

图 6.24　MoS₂NT 和 Pt/MoS₂NT 的光电流响应（a）、EIS（b）和 TRPL（c）

6.3.3　Pt/MoS₂ 纳米管酶反应生物传感应用验证

由于 Pt/MoS₂NT 具有优异的催化性能和光电流响应，基于此特征开发了具有酶催化反应的光电化学生物传感器，简称酶反应生物传感器。该生物传感器的构造过程如图 6.25 所示。

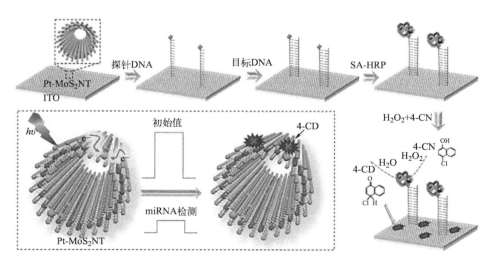

图 6.25　PEC 生物传感器的构造过程

所构筑的酶反应生物传感器的检测原理如图 6.26 所示。在光源照射下，MoS₂ 的光生电子从价带跳到导带。Pt 原子和 MoS₂NT 之间形成的肖特基结促进了电子向 Pt 的迁移，光生载流子分离效率的提高增强了光电流反应。生物分子中的 HRP 通过催化反应生成了固体的苯并 -4- 氯己二烯酮（4-CD）[26]。吸附在电极上的 4-CD 能够阻止电子的转移，这可以导致光电流的明显下降。Pt/MoS₂NT 较短的荧光寿命和较强的光电流也证明了光生载体的分离效率的提高。因此，基于 Pt/MoS₂NT 构建的 PEC 生物传感器具有稳定高效的光电流响应，有助于实现对超低浓度 miRNA 的稳定检测。

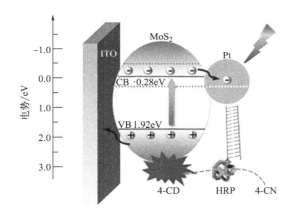

图 6.26 酶反应生物传感器的检测原理

为了确认酶反应生物传感器的成功构筑，在电极的不同阶段进行了紫外可见（UV-Vis）吸收光谱（见图 6.27）、EIS［见图 6.28（a）］和光电流响应［见图 6.28（b）］的测试。探针 DNA 和 miRNA-155 的光谱最大值位于 260nm（见图 6.27），加入的探针 DNA 和 miRNA-155 的浓度与它们的吸光度一致，表明探针 DNA 和 miRNA-155 已成功修饰在电极上。随着 Probe、miRNA-155、SA-HRP 和 4-CD 在 Pt-

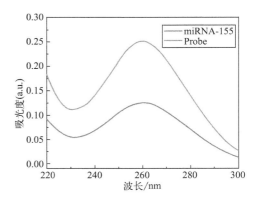

图 6.27 探针和 miRNA-155 的紫外可见光吸收光谱

MoS₂NT/ITO 电极上的修饰，光电流反应持续下降，这主要是因为额外的生物分子增加了电极和电解质溶液之间电子转移的空间电位电阻。当产生 4-CD 时，光电流的下降最为明显，这是因为固体 4-CD 的沉淀可以将光照射隔离到电极表面，导致当时电子转移的情况明显恶化。EIS 曲线也被用来确定酶反应生物传感器是否成功建立。随着探针 DNA、miRNA-155、SA-HRP 和 4-CD 的加入，电极的转移电阻逐渐增加，表明不同生物分子成功地与电极结合，证明了酶反应生物传感器的成功构筑。

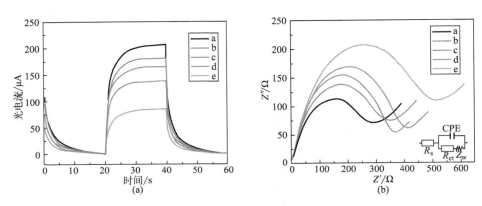

图 6.28 电极制备的不同阶段的瞬时光电流反应（a）和在 5.0 mM [Fe(CN)₆]³⁻/⁴⁻ 和 0.1 M KCl 溶液中测量的 EIS 曲线（b）

a—Pt-MoS₂NT/ITO；b—Probe/Pt-MoS₂NT/ITO；c—miRNA-155/Probe/Pt-MoS₂NT/ITO；d—SA-HRP/miRNA-155/Probe/Pt-MoS₂NT/ITO；e—4-CD/SA-HRP/miRNA-155/Probe/Pt-MoS₂NT/ITO

基于构建的酶反应生物传感器用于实现 miRNA-155 检测。miRNA-155 的浓度范围从 0.1nM ~ 10aM，结果显示在图 6.29（a）中。随着 miRNA-155 浓度的增加，光电流反应逐渐变弱。因为高水平的 miRNA 增加了电极表面和电解质溶液之间电荷转移的阻力。以 miRNA-155 浓度的对数为 X 轴，相应的光电流为 Y 轴，通过拟合曲线可以得到光电流与浓度对数之间的线性关系：$I=-8.84\lg c-46.42$（R_2 为 0.998），其中，I 代表光电流，c 代表 miRNA-155 浓度［见图 6.29（b）］。酶反应生物传感器能够检测浓度为 10aM ~ 0.1nM 的 miRNA-155。此外，广泛采用的 $S/N=3$ 方法被用来获得该酶反应生物传感器对 miRNA-155 的检测极限（3.1aM），这也表明基于单原子催化剂的酶反应生物传感器表现出比传统光活性材料更高的检测能力。

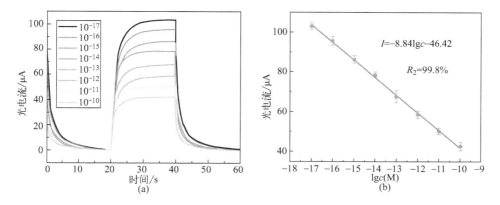

图 6.29 对不同浓度的 miRNA-155 的光电流响应（a）以及光电流响应与不同 miRNA 浓度的对数之间的关系，误差条 = 标准偏差（$n=5$）（b）

特异性是评价生物传感器的重要指标之一。基于 Pt/MoS₂NT 的酶反应生物传感器，分别对单碱基错配的 miRNA-155（SM miRNA-155）、miRNA-141 和 miRNA-182 在 1nM 的浓度下进行检测［见图 6.30（a）］。结果显示，miRNA-155 的电流反应比 SM miRNA-155 高 5 倍以上。这证实了所制备的酶反应生物传感器对 miRNA-155 具有高度的特异性。

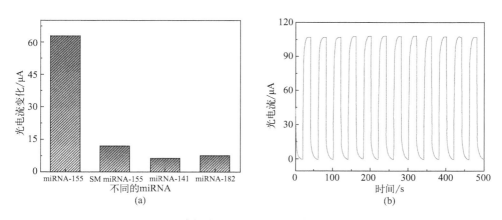

图 6.30 酶反应生物传感器的选择性（a）和循环稳定性（b）

生物传感器的稳定性是通过在 500s 内连续开启和关闭光激发源来判断的，每个周期为 40s［见图 6.30（b）］。生物传感器的良好稳定性由每个峰值的光电流的变化来证明，可以发现，光电流随着时间的推移只有轻微的变化（1.2%）。同时，一个含有 1fM miRNA-155 的平行电极被用来评估生物传感器的长期稳定性［见图

6.31（a）]。该生物传感器在第 10 天保持了 95.9% 的光电流强度，证明了 PEC 生物传感器良好的长期稳定性。六个单独制作的电极的相对标准偏差（RSD）小于 3%［见图 6.31（b）］，表明制作的生物传感器具有良好的可重复性。

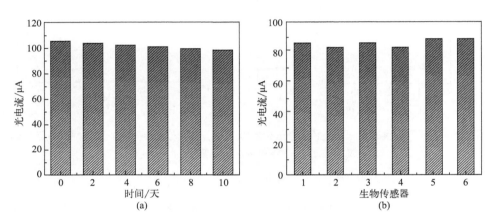

图 6.31　在 4℃ 下保存 0～10 天的改性电极的稳定性（a）以及生物传感器的可重复性（b）

此外，根据以前的研究，miRNA-155 可以稳定地分散在肺癌患者的血清中，使其成为肺癌检测的潜在标志物。因而生物传感器对血清样本的检测是其实际应用的最重要指标之一。在含有 10aM、10fM 和 10pM 的三组血清样品中，miRNA-155 的回收率分别为 96.6%、96.0% 和 98.7%（表 6.1）。RSD（相对标准差）小于 5%，表明这种 PEC 生物传感器在实际生物样品中具有良好的应用潜力。

表 6.1　酶反应生物传感器测定人血清样品中的 miRNA-155（n=3）

序号	添加量	检测量	回收率 /%	RSD/%
1	10aM	9.81aM	96.6	3.56
		9.65aM		
		9.53aM		
2	10fM	9.48fM	96.0	4.81
		9.35fM		
		9.97fM		
3	10pM	10.51pM	98.7	3.01
		9.94pM		
		9.92pM		

单原子催化剂具有很强的催化活性，将其作为酶反应的催化剂并与光电化学结

合开发了新型的酶反应生物传感器。在 ALD 制造的 MoS_2NT 的基础上，通过光热反应将单原子 Pt 锚定于 MoS_2NT。与 MoS_2NT 相比，Pt/MoS_2NT 具有更高的电子 - 空穴对分离效率、更强的光电流响应和更优异的催化活性。在检测过程中，辣根过氧化物酶催化反应产生的固体沉淀（苯并 -4- 氯己二烯酮）会阻断电解质溶液与 Pt/MoS_2NT 之间的电子传输通路，导致光电信号显著降低。基于单原子 Pt 增强的光电流响应和酶促反应的双重策略，所构建的生物传感器实现了对 miRNA-155 的超灵敏检测（检测限高达 3.1aM）。本工作证实了单原子催化剂在生物检测应用中的优势。

6.4 MoS_2/ReS_2 异质结的 ALD 制造与调控

众所周知，PEC 生物传感器光电流的大小直接取决于光电极材料的性能，所以深化材料研究是推动 PEC 生物传感器发展的重要一环。而由于本征半导体具有电子空穴对的快速复合的特点，所以研究对本征半导体的杂化手段（异质结设计），来抑制电子空穴对的快速复合，是目前科学界提高 PEC 生物传感器性能的重要手段。

MoS_2 本身极规则的六边形稳定结构，与 ReS_2 扭曲的 1T 相结构有很大的差异，两者的异质结构理论上会得到晶格失配的结构，而这种结构能够有效阻碍电子 - 空穴对的结合，能够极大提高该种材料的光电性能。而纳米管结构具有高表面积和优良光电性能的优点，能够有效地捕捉靶分子，从而提高检测性能。ALD 的优良的三维共形性特点可以在复杂的 3D 结构上均匀包覆薄膜材料，继而 TMDs 的形貌可以通过改变基底的三维形貌来进行精确调控，随后在去除模板后，即可得到拥有理想形貌的 TMDs 材料，这种方法就是牺牲模板法。因此我们可以通过 ALD 和模板法，以及对 Mo/Re 进料比的控制，同时配备常规的表征手段，实现对 MoS_2/ReS_2 异质结纳米管的可控制备。

6.4.1 MoS_2/ReS_2 异质结可控制造

（1）MoS_2/ReS_2 异质结薄膜可控制备及表征

使用 ALD 技术制备异质结的研究由来已久[35]，其中以 ALD 制备氧化物异质结为主，而使用 ALD 技术制备两种过渡金属源的异质结构还没有研究记载过。使用 ALD 技术制备异质结发展至今演化出两种方法：第一种是首先生长若干层一种二维材料 A，而后再生长若干层另一种二维材料 B，依次为一个循环，生长多次达到一种超晶格材料结构为 A–B–A–B（…）。而超晶格材料目前主要用于微波研究，由于电子在生长方向上运动时会产生震荡。而另一种方法是以一种二维材料 A 为主，在生长 A 的同时在某些固定循环中加入二维材料 B 的循环，生长多次得到一种均质的异质结构 AB–AB–AB（…）。这也是本书研究所采用的制备异质结的模式，这种循环的生长模式被称为超循环（Super–cycles）。

使用本课题组自主搭建的双金属源共腔体 ALD 沉积系统制备 MoS_2/ReS_2 异质结，该系统具有优异的灵活性与可控性。清洗基底 ITO，将 ReS_2 作为生长异质结超循环的主循环与主材料，而 MoS_2 作为辅助材料与辅助循环。生长规则为一个超级循环由 n_1 个 ReS_2 循环和 n_2 个 MoS_2 循环组成，n_1 和 n_2 的数目分别由 ReS_2 和 MoS_2 的总循环确定。每个 ReS_2/MoS_2 循环包括 $ReCl_5/MoCl_5$ 脉冲、N_2 吹扫、H_2S 脉冲和 N_2 吹扫。此外，当 ReS_2 和 MoS_2 循环在一个超循环中同时发生时，将 $ReCl_5$ 和 $MoCl_5$ 一起注入反应室中，以获得充分混合的 MoS_2/ReS_2 异质结。为了更方便说明得到的材料，将所得到的第 n 个 MoS_2/ReS_2 异质结命名为 RM-n。

所有的实验步骤列举在表 6.2 中，这里我们可以举个例子来讲解超循环概念：以表 6.2 中的 RM-2 为例，由于希望最后得到元素比（Mo/Re）为 20% 的异质结，所以在 200 循环 ReS_2 中，在每 4 个 $ReCl_5$-H_2S 循环后，进行一个 $ReCl_5/MoCl_5$-H_2S 循环，而这 5 个循环成为一个超循环，其中总体的理想元素比也为循环比 1 ： 5。

表 6.2　超循环设计步骤

样品名称	一个超循环结构	理想 Mo/Re 比例
RM-0	纯 ReS_2 循环	0
RM-1	9 个 Re 循环，1 个 Re-Mo 循环	20/200（10%）
RM-2	4 个 Re 循环，1 个 Re-Mo 循环	40/200（20%）
RM-3	1 个 Re 循环，1 个 Re-Mo 循环	100/200（50%）
RM-4	1 个 Re 循环，3 个 Re-Mo 循环	150/200（75%）
RM-5	1 个 Re-Mo 循环	200/200（100%）

　　注：Re 循环为一个 $ReCl_5$ 脉冲、一个 H_2S 脉冲；Re-Mo 循环为一个金属源循环同时包含 $ReCl_5$ 和 $MoCl_5$ 脉冲、1 个 H_2S 脉冲。

接下来我们采用 ICP-OES 对样品 RM-1 ~ RM-5 分别测量 5 次后得到不同 Mo/Re 循环比所制备得到样品的真实元素比，结果列举在表 6.3 中。其中很明显，当循环比例小于 50% 时，真实的 Mo/Re 比例更为接近理想的 Mo/Re 比例，而当循环比例大于 50% 时，真实的 Mo/Re 比例明显小于理想比例，而且波动很大。这可能是由于 ALD 的自限反应和温度引起的吸附能力差异所致。首先，ALD 沉积技术是基于自限制性反应的，也就是说前驱体的化学吸附是规律且有限的。一般而言，MoS_2 和 ReS_2 的活性位点通常位于由上一次脉冲形成的薄膜的边缘处（见图 6.32）[36]。而一次脉冲形成边缘的有限也导致了下一次脉冲能够吸附的位点有限，这是 ALD 技术能够稳定生长相应层数二维材料的基础。当 Mo/Re 循环比低于 50% 时，吸附位点充足，$MoCl_5$ 和 $ReCl_5$ 处于自由吸附状态，进入腔体内的金属前驱体基本都能够进行吸附反应生长，因此真实的 Mo/Re 元素比也接近理想的 Mo/Re 元素比，并且波动较小。当 Mo/Re 循环比高于 50% 时，混合的金属前驱体过量，这些有限的活性位点被迅速吸附达到饱和状态，而此时对于活性位点的吸附，$MoCl_5$ 与 $ReCl_5$ 争夺吸附位点处于一种竞争状态，这也增加了薄膜生长的随机性。同时，400℃ 并不是 $MoCl_5$ 化学吸附的最适温度，根据本课题组之前的研究[37]，虽然 400℃ 处于生长温度窗口内，但其最适温度为 460℃。则当 Mo/Re 循环比高于 50% 时，金属前驱体过饱和，$MoCl_5$ 和 $ReCl_5$ 处于竞争和随机的吸附状态。在此温度条件下，$MoCl_5$ 的吸附能力会较弱于 $ReCl_5$，因此真实与理想的元素比之间的差距增大，波动范围也增大。

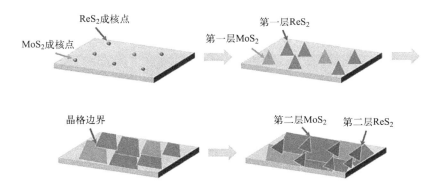

图 6.32 双金属源共腔室 ALD 沉积系统制备 MoS_2/ReS_2 异质结生长机理示意图

表 6.3 ALD 可控制备异质结所得元素比

样品名称	理想 Mo/Re 比例	ICP-OES 测得 Mo/Re 比例
RM-0	0	0
RM-1	20/200（10%）	14.8%（±3.1）
RM-2	40/200（20%）	22.6%（±4.5）
RM-3	100/200（50%）	40.3%（±4.4）
RM-4	150/200（75%）	57.8%（±9.0）
RM-5	200/200（100%）	76.5%（±18.5）

图 6.33 为 RM-1 ~ RM-5 的 SEM 图片，从中可以看出，异质结样品表现出强烈的垂直取向生长的片状晶体，表明少量的 Mo 元素对 ReS₂ 的生长趋势影响不大，但与此同时对垂直方向生长有一定的促进作用。然而，当 Mo/Re 循环比为 75% 时，异质结的微观的聚集状态由片状转变为微小片状，而当 Mo/Re 循环比为 100% 时，微观结构出现团聚现象，且出现团聚成球状。这可以归因于 Mo/Re 循环比过高时，一个循环中金属前驱体的量过大，导致成核点过于密集。而成核点过于密集也导致生长得到的异质结晶粒过小甚至团聚，这也与前面元素分析得到的结果相同。

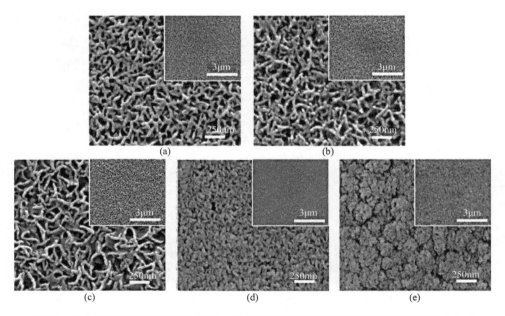

图 6.33 使用自主搭建的双金属源共腔室 ALD 沉积系统通过超循环设计制备得到的 RM-1（a）、RM-2（b）、RM-3（c）、RM-4（d）和 RM-5（e）的 MoS₂/ReS₂ 异质结 SEM 图像

通过高倍率透射电镜（HR-TEM，见图 6.34）可以最为直观地观察到局部 ResS$_2$ 区域和局部 MoS$_2$ 区域之间平面异质结的形成。图 6.34（a）中可以明显观察到晶格间距为 0.27nm 的 MoS$_2$（100 面）和晶格间距为 0.34nm 的 ResS$_2$。一般情况下，金属前驱体同时被 N$_2$ 脉冲送入反应腔体内，而 ReCl$_5$ 和 MoCl$_5$ 的前体不能完全均匀地混合。另外，自限制性化学吸附反应的活性位点存在于现有薄膜的表面和边缘，所以化学吸附更容易发生在同类材料之间。图 6.34（b）更加清晰地展现了异质结中的 ResS$_2$ 结构，可以从其中直接观察到 Re 链结构。

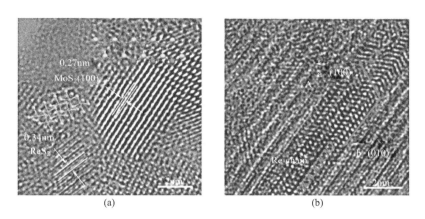

(a)　　　　　　　　　　　　(b)

图 6.34　MoS$_2$/ResS$_2$ 异质结 RM-3 样品的高倍率 TEM 图

通过对样品 RM-3 的 EDS 能谱分析可以观察到 MoS$_2$ 与 ResS$_2$ 的结合方式（见图 6.35），表明 Re 和 Mo 元素均匀分布在 ITO 表面，证实了双金属共室进料 ALD 制备的 RM-3 由 MoS$_2$ 和 ResS$_2$ 组成。其中 Re、Mo 和 S 的原子百分比分别为 30.9%、10.1% 和 59.0%。Mo/Re 的比值与 ICP 和 XPS 的结果一致。另外，（Mo+Re）/S 的比值大于 1/2，说明采用 ALD 技术制备的 MoS$_2$ 和 ResS$_2$ 存在 S 缺陷，这与本课题组之前的研究结果一致。

在 5mM［Fe(CN)$_6$］$^{3-/4-}$ 溶液中，所测得循环伏安曲线［CV 曲线，见图 6.36（a）］，其中法拉第电流即氧化峰的峰值变化可以反映样品电荷的转移能力。在 CV 图中，MoS$_2$/ResS$_2$ 异质结即使是性能最差的样品，RM-5 的法拉第电流峰值也明显高于纯 ResS$_2$。这也从另一个层面证明，异质结的产生提升了电子转移能力。另外，RM-3 的峰值最高，表明电子转移能力最好。

图 6.36（b）为由等效电路计算得到的 MoS$_2$/ResS$_2$ 异质结的电子转移电阻（R_{et}）

值，与 CV 图类似，MoS_2/ReS_2 异质结的 R_{et} 值小于纯 ReS_2 异质结（111.7 Ω）。其中 R_{et} 最小值（44.7 Ω）对应于 RM-3，RM-1、RM-2、RM-4 和 RM-5 的 R_{et} 值分别为 54.0 Ω、63.6 Ω、82.4 Ω 和 99.7 Ω。很直观地观察到，异质结结构降低了 R_{et} 值，促进了材料表面和溶液之间的电子转移，从而提高了光电性能。

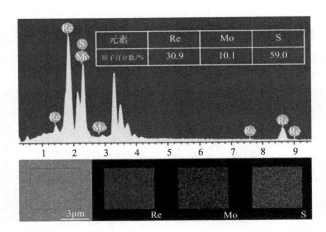

图 6.35 MoS_2/ReS_2 异质结 RM-3 样品的 EDS 能谱图

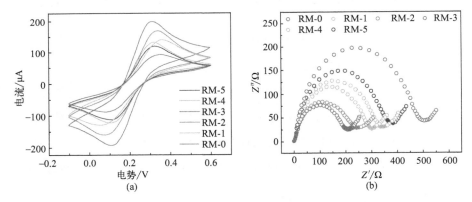

图 6.36 MoS_2/ReS_2 异质结 RM-1 ~ RM-5 的循环伏安曲线（a）以及电化学阻抗谱（b）

（2）MoS_2/ReS_2 异质结纳米管可控制备及表征

通过与前面相同的双金属源共腔 ALD 方法，配合精确的给料策略来制备 Mo 元素和 Re 元素比例（Mo-Re ratio）可控的 MoS_2/ReS_2-HNTs。

通过双金属源共腔 ALD 实验平台来进行异质结纳米管的沉积，如图 6.37（a）所示。$ReCl_5$ 和 $MoCl_5$ 分别作为 Re 前驱体和 Mo 前驱体，在实验过程中加热至

110℃后保温 1h 以上，用以获得稳定的金属源蒸气压。与此同时，本书将 H₂S 气体作为 S 源，因其有极强的毒性和腐蚀性，在实验以及维修设备的过程中需要格外小心。此外，N₂ 气瓶常开，其中的 N₂ 会经过流量控制器为每条气路分别分配 50sccm 的流量，当 Mo、Re、S 源处的电磁阀开启时作为载气，在电磁阀关闭时充当洗气。ALD 腔体从室温经过 30min 后达到 400℃，在保温 1h 后才能进行沉积实验，以获得稳定的沉积环境。在整个过程中，真空泵全程工作，且真空泵前的冷凝装置将冷凝残余未反应的 MoCl₅ 和 ReCl₅ 等粉末物质，防止其污染真空泵，随后将尾气抽取到尾气处理装置中进行无害化处理。

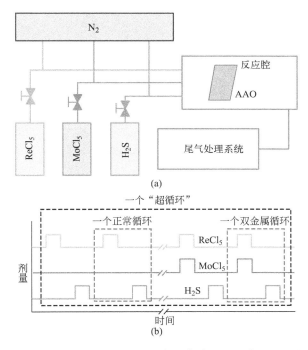

图 6.37 双金属源共腔 ALD 实验平台示意图（a）以及双金属源共腔 ALD 实验循环参数示意图（b）

通过控制纯 Re 循环和 Mo-Re 混合循环的比例来生长 MoS₂/ReS₂-HNTs，如图 6.37（b）所示。一个纯 Re 循环包含：ReCl₅ 脉冲 -N₂ 冲洗 -H₂S 脉冲 -N₂ 冲洗；一个 Mo-Re 混合循环包含：ReCl₅ 脉冲 +MoCl₅ 脉冲 -N₂ 冲洗 -H₂S 脉冲 -N₂ 冲洗。可见，双金属源共腔就是在同一时刻打开 Re 源和 Mo 源的电磁阀，让蒸气均匀混合后进入 ALD 腔体，在 AAO 上沉积 MoS₂/ReS₂-HNTs。若干个纯 Re 循环和若干个 Mo-Re 混合循环组成一个"超循环"（super cycle），若干个超循环为一次生长实验。

根据前期实验分析，AAO-3 和 90 个为最佳的生长基底和 ALD 循环参数，所以在设置平行实验时，将总的 ALD 循环数定为 90 个，而将 AAO-3 作为生长基底。如表 6.4 所示，本书设置了 5 个平行实验组，其中每个 super cycle 包含 15 个小循环，因此每个 super cycle 将被重复 6 次。RM1 中每个 super cycle 仅包含 15 组 ReS 脉冲，其 Mo-Re 进料比（Mo-to-Re feed ratio，R_{fr}）为 0。RM2 ~ RM5 的 super cycle 中分别包含 1 个、5 个、10 个、15 个 ReMoS 脉冲，也就是 $ReCl_5$ 的脉冲数不变，额外附加了 1 个、5 个、10 个、15 个 $MoCl_5$ 脉冲，则它们的 R_{fr} 分别为 6.7%、33.3%、66.7%、100%。表格的最后一列是通过 TEM 中 EDS mapping 所测得的 Mo-Re 的实际比例（Mo-to-Re real ratio，R_{rr}）。

表 6.4　MoS_2/ReS_2-HNTs 制备的 ALD 循环数设置以及 Mo-Re 比例的理论值和实际值

样品编号	一个超循环内	重复次数	Mo-Re 进料比 R_{fr}	Mo-Re 实际比例 R_{rr}
RM1	15 个纯 Re 循环		0	0
RM2	14 个纯 Re 循环及 1 个 Mo-Re 循环		6/90（6.7%）	（7.5±0.3）%
RM3	10 个纯 Re 循环及 5 个 Mo-Re 循环	6	30/90（33.3%）	（31.0±4.5）%
RM4	5 个纯 Re 循环及 10 个 Mo-Re 循环		60/90（66.7%）	（58.7±5.5）%
RM5	15 个 Mo-Re 循环		90/90（100%）	（90.5±10.0）%

在完成了 MoS_2/ReS_2-HNTs/AAO 的生长之后，通过 NaOH 处理可去除 AAO 模板，得到独立的 MoS_2/ReS_2-HNTs 以及相应的 MoS_2/ReS_2-HNTs/ITO 电极。

在完成了异质结纳米管的制备之后，采用 TEM 对 MoS_2/ReS_2-HNTs 进行基本表征。如图 6.38（a）~（d）所示，分别为 RM2、RM3、RM4、RM5 的 TEM 图，在相同的模板（AAO-3）及相同的总 ALD 循环（90 个）条件下，它们拥有相似管径（85 ~ 100nm）及壁厚（5 ~ 6 层），这强有力地说明了 ALD 制备 MoS_2/ReS_2-HNTs 的稳定性。此外值得注意的是，Mo 元素的引入并没有使得 ReS_2-NTs 和 MoS_2/ReS_2-HNTs 的形貌及参数产生明显变化，这说明不同的 R_{fr} 不会影响纳米管的生长速率和模式，这是由 ALD 的自限制反应以及 ReS₂ 和 MoS₂ 在 ALD 中相似的生长模式导致的[38, 39]。

此外，如图 6.38（e）~（h）所示，通过 HAADF 模式下的 EDS mapping 表征可以发现，不同 R_{fr} 的 MoS₂/ReS₂-HNTs 拥有均匀分布的 Re、Mo、S 元素，说明了双金属源共腔 ALD 制备 MoS₂/ReS₂-HNTs 的可靠性很好。与此同时，随着 R_{fr} 逐渐升高，Mo 元素的像素点密度也逐渐增多，这说明 R_{rr} 随着 Mo 源的引入不断提高。通过 EDS mapping 表征，得到了所制备的 MoS₂/ReS₂-HNTs 的 R_{rr} 数值（见表 6.4 和图 6.38），RM2、RM3、RM4、RM5 的 R_{rr} 分别为（7.5±0.3）%、（31.0±4.5）%、（58.7±5.5）% 和（90.5±10.0）%。

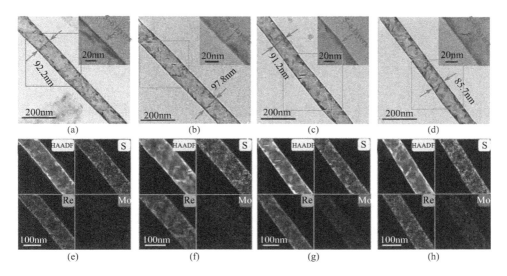

图 6.38　RM2、RM3、RM4 和 RM5 的 TEM 图，它们的右上角分别为相应区域的 HRTEM 图（a ~ d）以及 RM2、RM3、RM4 和 RM5 的 TEM 图中相应蓝色方框区域的 HAADF 模式下的照片与该区域的 S、Re、Mo 元素的 EDS mapping 图（e ~ h）

在用 TEM 对 MoS₂/ReS₂-HNTs 的常规结构进行表征之后，采用分辨率更高的 AC-TEM 对纳米管的异质结的表面晶格进行了表征（见图 6.39）。在一块约为 30nm 的方形区域中，可以清晰地观察到向不同方向延伸的晶格纹理，这说明它是多晶的，并且可以通过各个晶粒的晶格参数判断其为何种晶体。通过放大图 6.39（a）中的蓝框区域，可以明显看到两种不同的晶格结构 [见图 6.39（b）]，其中左下角那一部分为 ReS₂ 的 1T′ 相的晶格，Re 链之间的距离为 0.34nm，与纯 ReS₂-

NTs 表面的晶格相同；右上角那一部分为典型的 MoS₂ 的 2H 相晶格结构，（100）面的间距为 0.27nm，与其他文献中的 2H 相的 MoS₂ 相符[40]。ReS₂ 的晶格与 MoS₂ 的晶格在同一表面上被观察到，说明通过双金属源共腔 ALD 方法制备得到的 MoS₂/ReS₂-HNTs 中形成了面内异质结构，并且进一步说明了在发生 ALD 反应的过程中，Re 源和 Mo 源（ReCl₅ 和 MoCl₅）更趋向于吸附在同种金属原子周围，从而导致了 MoS₂/ReS₂ 平面异质结的产生[41]。

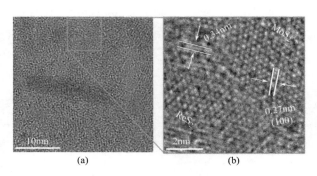

图 6.39 MoS₂/ReS₂-HNTs 管壁上的 AC-TEM 图（a）以及图（a）中相应区域的放大图（b）

6.4.2 MoS₂/ReS₂ 异质结的 PEC 性能调控

（1）ALD 可控制备异质结薄膜优化 PEC 性能

采用 ALD 法制备异质结材料能够以原子为单位逐层生长材料，提供了对异质结界面的原子级控制。在本项工作中，由于 ALD 制备法提供的原子级控制，使得在制备异质结材料时可以精准调控界面的 Re 元素及 Mo 元素的比例，这对于异质结材料的设计和性能调控非常关键。并且 ALD 法制备的薄膜通常具有很高的均匀性，这对于形成高质量的异质结至关重要。均匀的薄膜可以确保在异质结界面附近没有缺陷或杂质，从而提高器件性能。

接下来将分别测试纯 MoS₂、ReS₂ 和 MoS₂/ReS₂ 异质结电极的光电性能，测试均在含有均质 0.1M 抗坏血酸（Ascorbic Acid，AA）作为电子供体的 0.1M PBS（pH=7.4）溶液中，在单色激光氙灯的照射，以及 0.1V 的外加电位条件下进行，结果如图 6.40（a）所示。可以明显发现，通过 ALD 方法获得的纯 MoS₂ 薄膜所展现出的光电能力较为平衡，100 循环所得样品由于 MoS₂ 沉积量较少，仅有 1.3μA，而随着沉积的量逐渐上升以后稳定在 2.5μA 左右。相较于纯 MoS₂ 薄膜，ReS₂ 就具有更好的光电性能，这得益于 ReS₂ 本身直接带隙带来的优良光电性能，也展现出 ALD 法制备的 ReS₂ 薄膜具有很高的质量。其中 R-200 即 200 个循环所得 ReS₂ 薄膜样品的光电性能最好，达到了 25μA，下面异质结制备实验也均采用该循环生长得到。

很明显，MoS₂/ReS₂ 异质结样品在光电性能方面，无论是相较于纯 MoS₂ 薄膜还是纯 ReS₂ 薄膜都有显著改善。其中 RM-3 即 Mo/Re 循环比为 1∶1 时得到最优异的光电流响应（172μA），几乎是纯 ReS₂ 最优秀光电流强度的 7 倍，是纯 MoS₂ 最优秀光电流强度的 59 倍。

MoS₂/ReS₂ 异质结能展现出如此强悍的光电性能的原因可以归结为以下几点：首先根据在材料表征内容中所述的能带结构和电荷转移图 6.40（b），MoS₂ 的导带最小值（CBM）、价带最大值（VBM）和功函数分别为 4.21eV、5.56eV 和 4.5eV，而 ReS₂ 的导带最小值（CBM）、价带最大值（VBM）和功函数分别为 4.21eV、5.56eV 和 4.5eV[42, 43]。由于 ReS₂ 的功函数较高，电荷更容易从 MoS₂ 转移到 ReS₂，并且 MoS₂ 和 ReS₂ 的带隙间是有一部分交错在一起的，所以 MoS₂/ReS₂ 异质结是一种Ⅱ型异质结构[44]，而Ⅱ型异质结构会在一定程度上增强载流子迁移能力，即强化光电响应速率，并且Ⅱ型异质结构可以有效地防止空穴－电子对与层间激子的复合，以改善光电流响应的性能。与此同时，MoS₂ 和 ReS₂ 间极大的晶格

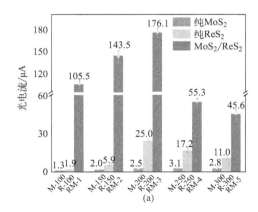
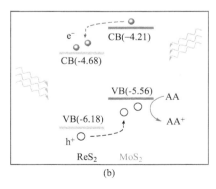

图 6.40　MoS₂、ReS₂ 和异质结的光电性能图（a）以及异质结预测能带结构和电荷转移图（b）

差异会导致异质结间的晶格失配，这也在一定程度上组织了层间空间与电子的复合，增强了光响应电流。这也使得通过使用 ALD 法制备原子级可控的 MoS$_2$/ReS$_2$ 异质结薄膜，并用以提升其 PEC 生物检测性能这一策略有着相当的应用价值和可行性。

（2）ALD 可控制备异质结纳米管优化 PEC 性能

由于 ALD 法制备异质结材料在复杂的表面结构上具有很好的覆盖性，可以在微观和纳米尺度上均匀地覆盖各种形状、结构并且均匀的基底，所制得材料具有在保留 AAO 独特孔道结构的同时 MoS$_2$/ReS$_2$ 异质结薄膜生长厚度亦可控的特点，并且可以通过控制通入前驱体时间对异质结界面 Re 元素及 Mo 元素的比例进行调控。从原理角度出发，这种结构优势对 PEC 传感的优化有着切实的增益作用。通过 ALD 法制备获得的尺寸、厚度均匀 MoS$_2$/ReS$_2$ 异质结纳米管，对于 PEC 传感器性能的提升起到了关键作用。

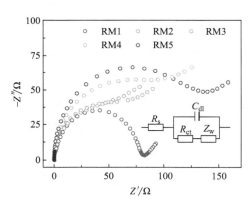

图 6.41 不同 Mo-Reratio 的 MoS$_2$/ReS$_2$-HNTs 的 EIS 图

接下来通过 EIS 测试方法对不同 Mo 含量的 MoS$_2$/ReS$_2$-HNTs/ITO 电极的电化学阻抗进行评价，如图 6.41 所示。可以发现，随着 Mo 浓度的提升，MoS$_2$/ReS$_2$-HNTs/ITO 电极的 R_{ct} 呈现先降低后增加的趋势，并且在 RM3 中显现出最低值，这是因为当 Mo 含量较低时，电极的 MoS$_2$ 多为金属相的 1T′结构，显著地降低了体系的阻抗，所以 RM3 拥有最低的 R_{ct} 值；随着 Mo 含量的持续增多，2H 相的 MoS$_2$ 更加稳定，所以半导体相的 2H 结构逐渐增多，降低了电极的电荷转移能力，因此 RM4 和 RM5 的 R_{ct} 值大幅增加。

在单色激光氙灯照射及 0.1V 的外加电位环境下，不同 Mo 含量的 MoS$_2$/ReS$_2$-HNTs/ITO 电极的 PEC 测试均在含有 0.1M AA 的 0.1M PBS（pH=7.4）溶液中进行测试，实验结果如图 6.42 所示。观察图 6.42（a）可以发现，RM3 样品拥有最强的 PEC 信号（168.2μA），这是因为该样品中的 MoS$_2$ 呈现出金属相的 1T′结构，大幅降低体系的阻抗，从而提高了光电响应。与此同时，XPS 证明了电荷从 MoS₂ 向 ReS₂ 的转移现象，与前人关于 MoS₂、ReS₂ 异质结的研究相符合。具体来说，MoS₂/ReS₂ 异质结是一种 II 型异质结，这种异质结构可以有效阻止电子空穴对的复合，使层间激子拥有较长寿命，从而提高光电响应。此外，MoS₂ 与 ReS₂ 之间的不同晶格参数会导致它们组成异质结的过程中产生晶格错配现象，从而防止电子空穴对的快速复合，进而提升异质结体系的光电响应。基于以上原因，RM3 表现出卓越的光电性能，其光电响应是纯 ReS₂-NTs（RM1）的 2.9 倍左右。这说明了通过双金属源共腔 ALD 方法制备 MoS₂/ReS₂-HNTs 来获得高性能异质结纳米管的应用价值和可靠性。

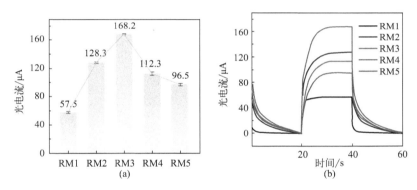

图 6.42　不同 Mo-Re ratio 的 MoS₂/ReS₂-HNTs 的 PEC 数据图（a）和
部分原始数据图（b）

图 6.42（b）为 RM1、RM2、RM3、RM4 和 RM5 样品的 PEC 测试的原始数据图中的一部分数据，通过该图可以更为直观地对这五个样品的性能进行对比。此外，每条曲线在经过上升期后均进入一个稳定的平台期，这说明了样品的稳定性很好。

由于 RM3 拥有最好的 PEC 性能，所以下一小节中将使用 RM3 作为光电生物检测的基本材料构筑生物传感器并用于生物检测。

6.4.3　MoS₂/ReS₂ 异质结生物传感应用验证

（1）MoS₂/ReS₂ 异质结薄膜光电生物传感应用验证

MoS₂/ReS₂ 异质结样品 RM-3 具有最为优异的光电转换能力（172μA），所以采用其为 miRNA-21 检测的光电传感器平台的基底，整个平台搭建的过程如图 6.43 所示。

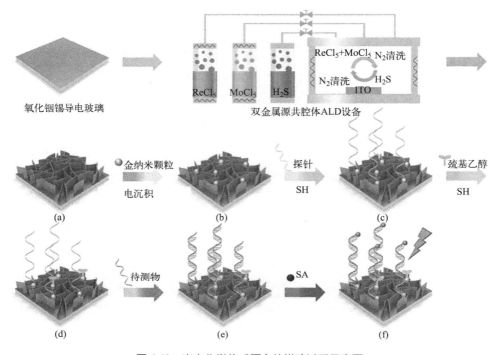

图 6.43 光电化学传感平台的搭建过程示意图

首先用电沉积方法将 AuNPs 沉积在 MoS₂/ReS₂ 异质结 /ITO 上，通过 Au-S 键固定探针 DNA，并用范德华力将其固定在表面修饰电极上。如图 6.44（a）所示，AuNPs 在电极表面的沉积导致光电流略有下降（159μA），这可能归因于三个因素：第一，表面的 AuNPs 更容易捕获溶液中的电子供体 AA 导致系统中光生电子和空穴更容易发生复合现象，第二是表面的 AuNPs 会产生共振作用从而引起振动弛豫，这也会降低光电流响应，最后是带负电的 AuNPs 与带负电的 AA 之间出现排斥作用，所以综上所述，AuNPs 的加入是为了通过 Au-S 键固定硫酰化的 miRNA，虽然 AuNPs 具有良好的导电性，但 AuNPs 和 MoS₂/ReS₂ 异质结的耦合作用下，光电流略有下降。上述原因反而可能降低了传感平台的精度，这也是接下来的研究需要解决的问题。并且在电极上施加 +0.1V 电压，可以保证溶液中的电子供体能够顺利到达电极表面，并且不受 AuNPs 和 AA 之间的排斥力。之后随着探针 DNA、MCH、靶 RNA 和 SA 的依次加入，光电流继续下降，分别为 142μA、133μA、103μA、56μA。

　　与此同时，电化学阻抗谱也可以反映在光电传感平台搭建过程中，不同生物分子加入后整体电学性能的变化，其中测试进行在 5mM［Fe(CN)$_6$］$^{3-/4-}$ 溶液中，等效电路是由溶液电阻（R_s）、电子转移电阻（R_{et}）、恒相位元件（CPE）和瓦尔堡阻抗（Z_w）组成。如图 6.44（b）所示，在使用电沉积技术沉积 AuNPs 后，整体 R_{et} 值出现了巨大的减小（从原本 44.7Ω 减小至 9.3Ω），这是由于金颗粒出色的金属性质导致的，在之后依次加入探针 DNA、MCH、靶 RNA 和 SA 后，R_{et} 值都在减小。其中带负电荷的探针 DNA 和靶 RNA 会抑制电子转移，MCH 的短链烷硫醇会阻止溶液向电极的电子转移。此外，用 miRNA 和 AuNPs 固定 SA，增加了 AA 对电极表面的位阻。而这些结果与光电流响应相互符合、相互印证，证明了光电生物传感平台的搭建成功。

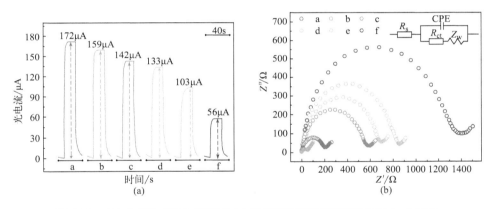

图 6.44　光电化学传感平台搭建过程中各步骤后的光电流响应曲线（a）以及
电化学阻抗谱（b）

　　基于上述最优的制备条件以及最佳的检测条件，本光电化学传感平台可实现对 miRNA-21 在 10aM ～ 1nM 范围内超灵敏检测［见图 6.45（a）］。随着 miRNA-21 浓度的增加，由于更多的 miRNA 阻碍了 AA 的扩散，空间位阻逐渐增大，光电流强度逐渐降低。由 ΔI 与 miRNA-21 浓度对数的线性关系［图 6.45（b）］，可分析得到 ΔI=148.48+8.43lg（c/M），相关系数 R^2=0.996，检出限为 2.8aM（S/N=3）。

　　选择性的好坏直接影响生物传感器的性能评价。在真实情况下，例如人体血清实验中 miRNA 的种类就不可数，其他蛋白质分子也不可计数，所以检测生物分子时能够定向到要检测的生物分子至关重要。在上述最优的制备条件以及测试环境

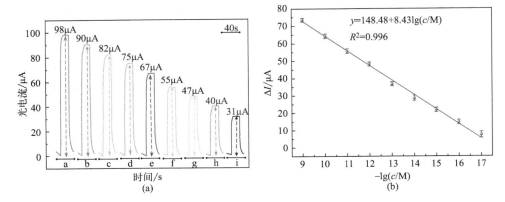

图6.45 光电化学传感平台检测不同浓度的 miRNA-21 的光电流响应曲线，a～i 曲线为不同浓度 miRNA-21 的光电流响应：10aM、100aM、1fM、10fM、100fM、1pM、10pM、100pM 和 1nM（a）以及光电流对 miRNA-21 浓度对数的校正曲线（误差线＝标准偏差，n=5）（b）

下进行了光电生物传感器的选择性测试。通过分别在 1.0pM 和 1.0nM 浓度下对单碱基错配（SM）和完全错配的 miRNA 检测的光电流之差（ΔI）的比较来检测光电化学传感器的选择性，并且为了更好验证实验结果的正确性，实验使用多组对照组，分别为 miRNA-155、miRNA-182 和 miRNA-141。结果如图 6.46（a）所示，检测靶目标为 miRNA-21 时，该生物传感器的 ΔI 为 48.1μA，而这几乎是当检测目标为单碱基错配 miRNA-21 和三碱基错配的 miRNA-155、miRNA-182 和 miRNA-141 时的 3.1 倍、23 倍、21 倍和 27 倍。随着 miRNA 浓度增加到 1nM，miRNA-21 的 ΔI 值显著增加，单碱基错配 miRNA-21 的 ΔI 值略有增加，而非完整 miRNA 的 ΔI 值基本保持不变，由此表明，该传感器对 miRNA-21 的检测具有较高的选择性。同时证明用 miRNA 和 AuNPs 固定 SA，通过"信号关闭"效应提高了检测的特异性。

与此同时，由于是使用光电流之差来作为关键判断靶目标的存在，所以光电流信号的稳定性就显得尤为重要。基于上述最优的制备条件以及检测环境，测试了光电流响应的稳定性。在 300s 内连续 7 次开关激励光信号，结果如图 6.46（b）所示，7 个光电流信号峰值没有明显变化，其中每个峰值的 RSD 值为 0.2%，这证明了 MoS_2/ReS_2 异质结的光电传感平台具有良好的稳定性。

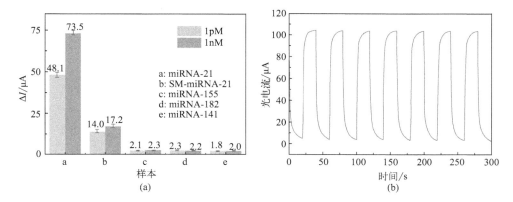

图 6.46 光电化学生物传感平台分别与 1pM 和 1nM 浓度的 miRNA-21、单碱基错配 SM-miRNA-21、miRNA-155、miRNA-182、miRNA-141 杂交的光响应电流差值 Δ*I* 柱状图（*n*=3）（a）以及光响应电流的稳定性测试结果（b）

　　长期稳定性也同样是生物传感器在实际应用中的重要指标。将最优条件下制备好的修饰电极在 4℃的黑暗环境中保持 10 天，测试其在 1.0pM 浓度下 miRNA21 中能够保持初始光电流强度的 **89.6%**（见图 6.47）。表明制造的修饰电极能够有效防止探针 RNA 脱落并保持 RNA 的生物活性，具有良好的稳定性。

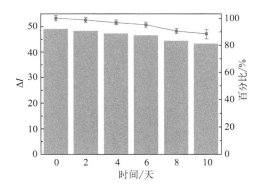

图 6.47 光电化学生物传感平台在 4℃下保持 0 ~ 10 天的稳定性（*n*=3）

　　为了探索所设计并制备的光电化学传感器平台在实际情况中的应用效果，以及验证对真实样品检测的可靠性，采用标准添加法，将四种不同浓度的 miRNA21 加入血清中，获得一系列样品。如表 6.5 所示，回收率在 **95.05% ~ 103.47%** 之间，相对标准偏差小于 **5%**，说明基于采用自主搭建的双金属共腔室 ALD 沉积设备制备的 MoS_2/ReS_2 异质结的光电传感平台在面对真实样品中依然具有相当的可靠性。

表 6.5　基于 MoS$_2$/ReS$_2$ 异质结的光电传感平台在血清样品中检测 miRNA-21（*n*=3）

样品序号	待测量	检测量	回收率 /%	相对标准偏差 /%
1	1nM	0.99nM	103.47	3.83
		1.05nM		
		1.06nM		
2	10pM	10.2pM	97.57	4.06
		9.44pM		
		9.62pM		
3	100fM	91pM	95.05	3.80
		98pM		
		96pM		
4	1fM	0.97fM	99.43	3.73
		0.98fM		
		1.04fM		

（2）MoS$_2$/ReS$_2$ 异质结纳米管光电生物传感应用验证

本小节基于前面采用的双金属源共腔室 ALD 法和优化得到的性能最优的 MoS$_2$/ReS$_2$-HNTs 材料，搭建了光电化学生物分子传感器。

光电生物传感器的搭建示意图如图 6.48 所示。

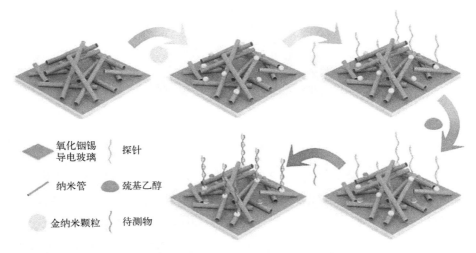

图 6.48　搭建光电生物传感器流程的示意图

第一步，滴加 RM3 原料。将均匀分散在水中的 1mg/mL 的 RM3 滴加在面积为 5mm×5mm 的 ITO 电极上，在黑暗常温环境中干燥，命名为 MoS_2/ReS_2-HNTs-ITO。

第二步，电沉积金纳米颗粒（Gold Nanoparticles，AuNPs）。将光电性能最佳的 RM3 样品作为基础电极，标记为 MoS_2/ReS_2-HNTs/ITO，随后采用电化学沉积的方法在电极表面沉积 AuNPs，为下一步组装探针 RNA 做准备。

第三步，固定探针 RNA。将探针 RNA 溶液充分摇匀后滴加在 $AuNPs/MoS_2/ReS_2$-HNTs/ITO 上，在室温下以及黑暗环境中培养，所得电极命名为 $probe/AuNPs/MoS_2/ReS_2$-HNTs/ITO。之后将修饰电极用 PBS 溶液（pH=7.4）洗涤（除去未结合的探针）并在室温下干燥。

第四步，结合 MCH。将一定量 MCH 滴于 $probe/AuNPs/MoS_2/ReS_2$-HNTs/ITO 表面，用以填充未反应的 AuNPs 并阻断任何非特异性的吸附位点，将该电极命名为 $MCH/probe/AuNPs/MoS_2/ReS_2$-HNTs/ITO。之后将修饰电极用 PBS 溶液（pH=7.4）洗涤（除去多余 MCH）并在室温下干燥。

第五步，固定检测目标 miRNA-155。将具有一定浓度的 miRNA-155 滴在 $MCH/probe/AuNPs/MoS_2/ReS_2$-HNTs/ITO 电极表面，在一定条件下孵育 120min，将电极命名为 $miRNA-155/MCH/probe/AuNPs/MoS_2/ReS_2$-HNTs/ITO。最后，对电极进行清洗，得到光电化学传感器的阳极。

为了确认光电传感器是否成功搭建，对所搭建的光电化学传感器进行 PEC 测试和 EIS 测试，如图 6.49 所示。

如图 6.49（a）所示，在 MoS_2/ReS_2-HNTs/ITO 表面电沉积 AuNPs 后导致了光电流信号的略微下降（156.2μA），这是因为 AuNPs 和 AA 所带有的负电荷导致了排斥力的产生，阻碍了电极表面的电荷交换。此外，如图 6.49（b）所示，AuNPs 可以有效降低电极的电阻，这有利于提升 PEC 信号。在以上因素共同影响下，$AuNPs/MoS_2/ReS_2$-HNTs/ITO 相比于 MoS_2/ReS_2-HNTs/ITO 有略微的光电性能退化。与此同时，随着探针 RNA（136.1μA）、MCH（113.7μA）和 miRNA-155（76.4μA）的加入，光响应电流持续下降，这主要有以下原因：RNA 自带负电荷，会与 AA 相斥，从而降低溶液与电极之间的电荷交换能力；MCH 的短链烷硫醇会阻止电子从溶液转移到电极上；附加的分子会增加电极与 AA 之间的空间位阻。

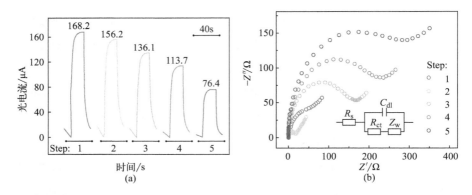

图 6.49 MoS₂/ReS₂-HNTs/ITO、AuNPs/MoS₂/ReS₂-HNTs/ITO、probe/AuNPs/MoS₂/ReS₂-HNTs/ITO、MCH/probe/AuNPs/MoS₂/ReS₂-HNTs/ITO、miRNA-155/MCH/probe/AuNPs/ MoS₂/ReS₂-HNTs/ITO 分别标记为 steps1 ～ 5，每一步的 PEC 响应图（a）以及为每一步的 EIS 图（b）

与此同时，可以通过 EIS 图来判断光电化学生物传感器是否被成功建立。如图 6.49（b）所示，MoS₂/ReS₂-HTNs 的 R_{ct} 值为 51.6Ω，在进行电化学沉积 Au 之后，R_{ct} 值降低至 15.4Ω，这是因为 AuNPs 有优秀的导电性，可以大幅度降低电极电阻。接下来，随着探针 RNA、MCH 和靶 RNA 的加入，R_{ct} 值逐步提高到 145.2Ω、200.4Ω 和 256.3Ω，这一提升表明了各个附加物的成功结合，证明了光电化学生物传感器的成功搭建。

基于上述优化后的光电生物传感器对 miRNA-155 进行了高灵敏检测，如图 6.50 所示。通过对 1nM ～ 10aM 浓度的 miRNA-155 分子进行光电检测，获得的检测结果如图 6.50（a）所示。随着靶 RNA 的浓度增加，光电流响应逐渐变弱，这是因为高含量的 miRNA 会增加 miRNA-155/MCH/probe/AuNPs/MoS₂/ReS₂-HNTs/ITO 电极表面与溶液中电子供体的位阻，并且也会增加电极的转移电阻，从而使光电流逐渐降低。此外，根据不同靶 RNA 浓度的对数值与相应光电流数值的关系做成散点图［见图 6.50（b）］，在进行线性拟合之后发现了很好的线性关系，得到 $I=-3.91\lg c+41.26$ 线性关系，相关系数 $R^2=0.996$，检测限为 1.8aM（$S/N=3$）。

通过对不同浓度靶 RNA 的检测证明了所搭建的光电生物传感器有良好的检测性能。此外，生物传感器的选择性、稳定性也是其重要性能指标。

对不同 miRNA 的特异性是评价生物传感器的重要指标之一，对单碱基错配（Single-base Mismatch，SM）和完全错配的 miRNA 进行检测，浓度均为 1nM。设置了如下对照组：单碱基错配 miRNA-155（SMmir-155）、miRNA-21（mir-21）、miRNA-197（mir-197）、miRNA-141（mir-141）和 miRNA-182（mir-182）。通过所得数据可以发现（见图 6.51），miRNA-155 的电流变化比其他几种 miRNA 的电流变化高得多，其中单碱基错配 miRNA-155 的电流变化比其余几个完全错配的 miRNA 大一些。这一实验表明通过本书方法所制备的传感器对 miRNA-155 有高度的特异性。

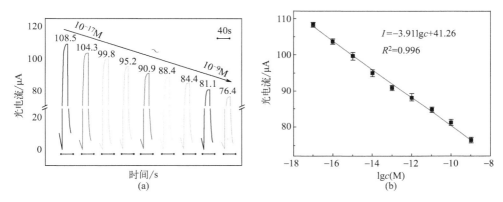

图 6.50 光电化学生物传感器检测不同浓度 miRNA-155 的光电流曲线（a）以及光电流对 miRNA-155 浓度对数的校正曲线（n=3）（b）

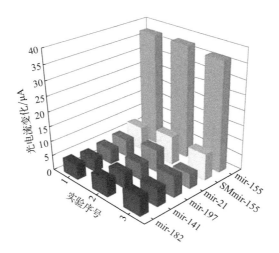

图 6.51 光电生物传感器分别对 1nM 的单碱基错配 miRNA-155、miRNA-21、miRNA-197、miRNA-141 和 miRNA-182 进行检测

本书通过光电流信号的最高值与前一个"低谷"的最低值进行作差来得到光响应电流的数值,所以光电流信号的稳定性对数据的读取是非常关键的。为此,通过在300s内连续7次开关光激励信号来评判传感器的稳定性,每个周期为40s,如图6.52(a)所示。通过每个峰的光电流数值变化可以发现,随着时间的推移,光电流响应有微弱的变弱,从开始到末尾仅有0.3%的减弱,证明了传感器具有良好的稳定性。

此外,长期稳定性同样也是生物传感器的一项重要指标。本工作测试了结合1fM的miRNA-155的平行电极,在8天时间中的光电流变化,如图6.52(b)所示。在未检测过程中,传感器被保存于4℃的黑暗环境中。可以发现,传感器在第八天依旧保持了94.6%的光电流强度。这一实验说明所制备的传感器拥有优良的长期稳定性。

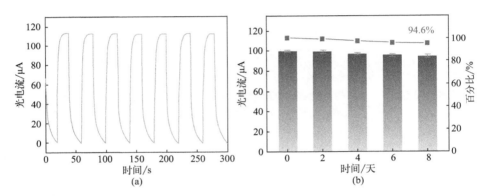

图6.52 光电流的稳定性测试(a)以及光电化学生物传感器在4℃下保持0~8天的稳定性(b)

此外,根据以往的研究,miRNA-155可以在肺癌患者的血清中稳定分散,使其成为一种潜在的肺癌检测肿瘤标志物。生物传感器对血清样品的检测是决定其能否应用于实际的重要指标之一。为了验证本书传感器应用于真实样本的可能性,我们对人体血清样本进行了相关的实验工作。

3组分别含有10pM、0.1pM和1fM miRNA-155的样品(见表6.6)的回收率分别为101.3%、96.8%和97.1%,并且偏差值(RSD)小于6%,这表明该传感器在实际生物样品中具有良好的性能。

表 6.6 不同浓度 miRNA–155 的血清实验数据

样品序号	待测量	检测量	回收率 /%	相对标准偏差 /%
1	10pM	9.5pM	101.3	5.75
		10.5pM		
		10.5pM		
2	0.1pM	0.100pM	96.8	4.38
		0.092pM		
		0.098pM		
3	1fM	1.02fM	97.1	4.64
		0.96fM		
		0.93fM		

参考文献

[1] Devadoss A, Sudhagar P, Terashima C, et al. Photoelectrochemical biosensors: new insights into promising photoelectrodes and signal amplification strategies. Journal of Photochemistry and Photobiology C: Photochemistry Reviews, 2015,24: 43–63.

[2] Zhang L, Mohamed H H, Dillert R, et al. Kinetics and mechanisms of charge transfer processes in photocatalytic systems: a review. Journal of Photochemistry and Photobiology C: Photochemistry Reviews, 2012,13(4): 263–276.

[3] Devadoss A, Dennany L, Dickinson C, et al. Highly sensitive detection of NADH using electrochemiluminescent nanocomposites. Electrochemistry Communications, 2012,19: 43–45.

[4] Venkatanarayanan A, O'Connell B S, Keyes A D T E, et al. Potential modulated electrochemiluminescence of ruthenium containing metallopolymer films. Electrochemistry Communications, 2011,13(5): 396–398.

[5] Zhao W, Xiong M, Li X, et al. Photoelectrochemical bioanalysis: a mini review. Electrochemistry Communications, 2014,38: 40–43.

[6] 任伟, 李静. 光电化学生物传感器研究. 发光学报, 2019,40(1): 58–66.

[7] Xu R, Jiang Y, Xia L, et al. A sensitive photoelectrochemical biosensor for AFP detection based on ZnO inverse opal electrodes with signal amplification of CdS–QDs. Biosensors and Bioelectronics, 2015, 74: 411–417.

[8] Chen C, Liu D, Zhou Y. Progress in the design and application of magnetic materials–based photoelectrochemical biosensors. International Journal of Electrochemical

Science,2022,17(12):

[9]   Zhao W, Xu J, Chen H. Photoelectrochemical bioanalysis: the state of the art. Chemical Society reviews, 2015,44(3): 729–741.

[10]   Hao J, Wu R, Zhou J, et al. Regulation of bioinspired ion diodes: from fundamental study to blue energy harvesting. Nano Today, 2022,46: 101593.

[11]   Cai J, Ma W, Hao C, et al. Artificial light–triggered smart nanochannels relying on optoionic effects. Chem, 2021,7(7): 1802–1826.

[12]   Ahmad M, Gartland S A, Langton M J. Photo and redox—regulated transmembrane ion transporters. Angewandte Chemie International Edition, 2023,62(44).

[13]   Tang Y, Cheng K, Zhang P, et al. A near–infrared light responsive temperature–sensing switch in a submicro–channel heterogeneous membrane. Journal of Materials Chemistry A, 2023,11(35): 18765–18775.

[14]   Wen L, Jiang L. Bio–inspired smart gating nanochannels based on polymer films. Science China Chemistry, 2011,54(10): 1537–1546.

[15]   Yu D, Xiao X, Shokoohi C, et al. Recent advances in stimuli—responsive smart membranes for nanofiltration. Advanced Functional Materials, 2023,33(9).

[16]   Yue R, Raisi B, Rahmatinejad J, et al. A photo–fenton nanocomposite ultrafiltration membrane for enhanced dye removal with self–cleaning properties. Journal of Colloid and Interface Science, 2021,604: 458–468.

[17]   Kim S H, Yi S, Park M U, et al. Multilevel MoS_2 optical memory with photoresponsive top floating gates. ACS Applied Materials & Interfaces, 2019,11(28): 25306–25312.

[18]   Wang M, Yin H, Zhou Y, et al. Photoelectrochemical biosensor for microRNA detection based on a $MoS_2/g–C_3N_4$/black TiO_2 heterojunction with Histostar@AuNPs for signal amplification. Biosensors and Bioelectronics, 2019,128: 137–143.

[19]   Grossi M, Riccò B. Electrical impedance spectroscopy (EIS) for biological analysis and food characterization: a review. Journal of Sensors and Sensor Systems, 2017,6(2): 303–325.

[20]   Higgs G, Slack F. The multiple roles of microRNA–155 in oncogenesis. Journal of Clinical Bioinformatics, 2013,3(1): 17.

[21]   Lavín Á, Vicente J, Holgado M, et al. On the determination of uncertainty and limit of detection in label–free biosensors. Sensors, 2018,18(7): 2038.

[22]   Jin Z, Li P, Meng Y, et al. Understanding the inter–site distance effect in single–atom catalysts for oxygen electroreduction. Nature Catalysis, 2021,4(7): 615–622.

[23]   Shang Y, Xu X, Gao B, et al. Single–atom catalysis in advanced oxidation processes for environmental remediation. Chemical Society Reviews, 2021,5(8): 5281–5322.

[24]   Singh B, Sharma V, Gaikwad R P, et al. Single—atom catalysts: a sustainable pathway for the advanced catalytic applications. Small, 2021,17(16).

[25]   Wang K, Jiang L, Xin T, et al. Single–atom V–N charge–transfer bridge on ultrathin carbon

nitride for efficient photocatalytic H_2 production and formaldehyde oxidation under visible light. Chemical Engineering Journal, 2022,429: 132229.

[26]　Muravev V, Spezzati G, Su Y, et al. Interface dynamics of Pd−CeO$_2$ single−atom catalysts during CO oxidation. Nature Catalysis, 2021,4(6): 469−478.

[27]　Zhou K L, Wang Z, Han C B, et al. Platinum single−atom catalyst coupled with transition metal/metal oxide heterostructure for accelerating alkaline hydrogen evolution reaction. Nature Communications, 2021,12(1).

[28]　Qin Y, Wen J, Wang X, et al. Iron single−atom catalysts boost photoelectrochemical detection by integrating interfacial oxygen reduction and enzyme−mimicking activity. ACS Nano, 2022,16(2): 2997−3007.

[29]　Shi Q, Yu T, Wu R, et al. Metal−support interactions of single−atom catalysts for biomedical applications. ACS Applied Materials & Interfaces, 2021,13(51): 60815−60836.

[30]　Zhang J, Wang E, Cui S, et al. Single−atom Pt anchored on oxygen vacancy of monolayer $Ti_3C_2T_x$ for superior hydrogen evolution. Nano Letters, 2022,22(3): 1398−1405.

[31]　Cheng X, Xiao B, Chen Y, et al. Ligand charge donation−acquisition balance: a unique strategy to boost single Pt atom catalyst mass activity toward the hydrogen evolution reaction. ACS Catalysis, 2022,12(10): 5970−5978.

[32]　Zhu J, Cai L, Yin X, et al. Enhanced electrocatalytic hydrogen evolution activity in single−atom Pt−decorated VS$_2$ nanosheets. ACS Nano, 2020,14(5): 5600−5608.

[33]　Jiao S, Kong M, Hu Z, et al. Pt Atom on the wall of atomic layer deposition (ALD)—made MoS$_2$ nanotubes for efficient hydrogen evolution. Small, 2022,18(16).

[34]　Li W, Sheng P, Cai J, et al. Highly sensitive and selective photoelectrochemical biosensor platform for polybrominated diphenyl ether detection using the quantum dots sensitized three−dimensional, macroporous ZnO nanosheet photoelectrode. Biosensors and Bioelectronics, 2014,61: 209−214.

[35]　Mackus A J M, Schneider J R, Macisaac C, et al. Synthesis of doped, ternary, and quaternary materials by atomic layer deposition: a review. Chemistry of Materials, 2019,31(4): 1142−1183.

[36]　Jeon W, Cho Y, Jo S, et al. Wafer—scale synthesis of reliable high—mobility molybdenum disulfide thin films via inhibitor—utilizing atomic layer deposition. Advanced Materials, 2017,29(47).

[37]　Yang J, Liu L. Trickle flow aided atomic layer deposition (ALD) strategy for ultrathin molybdenum disulfide (MoS$_2$) synthesis. ACS Applied Materials & Interfaces, 2019,11(39): 36270−36277.

[38]　Hämäläinen J, Mattinen M, Mizohata K, et al. Atomic layer deposition of rhenium disulfide. Advanced Materials, 2018,30(24).

[39]　Sharma A, Verheijen M A, Wu L, et al. Low−temperature plasma−enhanced atomic layer deposition of 2−D MoS$_2$:large area, thickness control and tuneable morphology. Nanoscale, 2018,10(18): 8615−8627.

[40] Mandyam S V, Zhao M, Masih Das P, et al. Controlled growth of large-area bilayer tungsten diselenides with lateral P-N junctions. ACS Nano, 2019,13(9): 10490-10498.

[41] Liu L, Ma K, Xu X, et al. MoS$_2$-ReS$_2$ heterojunctions from a bimetallic Co-chamber feeding atomic layer deposition for ultrasensitive MiRNA-21 detection. ACS Applied Materials & Interfaces, 2020.

[42] Guo Y, Robertson J. Band engineering in transition metal dichalcogenides: Stacked versus lateral heterostructures. Applied Physics Letters, 2016,108(23).

[43] Gehlmann M, Aguilera I, Bihlmayer G, et al. Direct observation of the band gap transition in atomically thin ReS$_2$. Nano Letters, 2017,17(9): 5187-5192.

[44] Froehlicher G, Lorchat E, Berciaud S. Charge versus energy transfer in atomically thin graphene-transition metal dichalcogenide van der waals heterostructures. Physical Review. X, 2018,8(1): 11007.

7

ALD 应用于场效应管生物传感器

7.1 场效应管（FET）生物传感器概述

半导体的场效应现象最早在 20 世纪二三十年代被观察到。当时人们发现在半导体 CuS_2 表面紧压上一块金属铝板，通过在铝板上施加电压可以改变 CuS_2 电导的大小[1]。由此，人们将半导体的电阻（电导）被垂直于其表面方向的电场所调控的现象称为场效应现象。1960 年，MOSFET 被发明出来，这种晶体管不同于之前发明的二极管和三极管（双极型晶体管），它在工作过程中只利用到了沟道中多数载流子，因此也被称为单极性晶体管。相比于其他类型的晶体管，MOSFET 具有功耗小、稳定性好、介质层易制备等优点，所以自从 MOSFET 发明以来，场效应晶体管就逐渐成为了应用最广泛的半导体器件，并极大程度地推进了电子产业的发展和信息时代的进程。时至今日，场效应晶体管及其相关的集成电路已经占据了现代半导体市场 95% 以上的份额[2]。

场效应晶体管是一种电压调制电流的三端器件，主要由源极（S）、漏极（S）、栅极（G）、栅介质层（绝缘层）和有源层五个部分组成。在工作过程中，FET 通过栅极电场来调制绝缘层与半导体沟道层之间的界面电导来工作，并在源漏电压的作用下形成电流。根据参与导电的载流子类型不同分为 N 型沟道器件（电子为多数载流子）和 P 型沟道器件（空穴为多数载流子）。根据结构的不同，FET 又分为结型场效应晶体管和绝缘栅型场效应晶体管。此外，基于 MOSFET 的结构，又发展出薄膜有源层代替 PN 结的薄膜场效应晶体管（TFT）。

以 N 型 TFT 器件为例，对其具体工作原理进行简单描述。TFT 工作时，施加在源漏电极之间的电压称为源漏电压 V_{ds}，对应的电流称为源漏电流 I_{ds}，施加在源极和栅极之间的电压称为栅极电压 V_{gs}，对应的电流称为栅极电流 I_{gs}，器件的阈值电压用 V_{th} 来表示。根据 TFT 导电沟道状态的不同，我们将晶体管的工作状态分为截止状态、线性状态和饱和状态。如图 7.1（a）所示，当施加的栅极电压 V_{gs} 小于阈值电压 V_{th}，此时器件有源层内电荷均匀分布，无法形成有效的电荷积累层，此时不论 V_{ds} 如何变化，仅有很小的电流（关态电流），我们称 TFT 此时处于截止状态。当 V_{gs} 大于 V_{th}，导电沟道内将形成有效的电荷积累层，产生沟道电流，且电流 I_{ds} 和 V_{gs} 呈线性变化，该区域我们称之为线性工作区，此时栅极电压 V_{gs} 增加能进一步增大导电沟道厚度，增加材料内载流子数量，从而增大输出电流，如图 7.1(b)所示。如图 7.1（c）所示，随着 V_{ds} 的继续增大，I_{ds} 的变化将逐渐趋于饱和，当达到 $V_{ds}=V_{gs}-V_{th}$ 时，沟道附近出现夹断，载流子数目减少，夹断区成为由耗尽层构成的高阻区。此时即使 V_{ds} 继续增加，I_{ds} 基本不发生变化，因此该区域称为饱和区，此时的电流称为饱和电流。

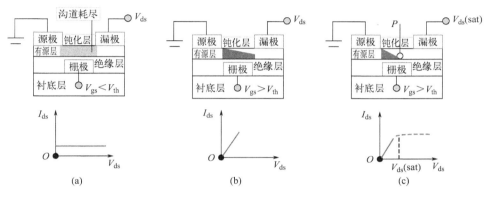

图 7.1   TFT 器件工作示意图

为了更好地判断和评价 FET 器件，我们需要了解 FET 器件的主要性能参数。其中保持 V_{ds} 为某一固定值情况下，I_{ds} 和 V_{gs} 之间的关系曲线称为转移特性曲线（I_{ds}-V_{gs}）。保持 V_{gs} 为某一固定值情况下，I_{ds} 和 V_{ds} 之间的关系曲线称为输出特性曲线（I_{ds}-V_{ds}）。通过这两条曲线能够得到 TFT 器件的主要性能参数指标，包括阈值电压 V_{th}、跨导 g_m、载流子迁移率 μ 和电流开关比 $I_{on/off}$ 等。下面将对以上电学参数做简单介绍。

其中阈值电压是指器件导电沟道处于开启状态时所需要的最小栅压，通常可以从器件转移特性曲线中获得。一般而言，阈值电压绝对值越接近于零，则驱动电压越低，器件功耗越小。电流开关比是指器件分别处于饱和状态和截止状态时的开态电流 I_{on} 和关态电流 I_{off} 之间的比值，开关比越大，意味着器件转换速度越快，器件灵敏度越高。跨导 g_m 是用来表示栅极电压变化 V_g 与源漏电流 I_d 之间的关系，主要用来表示电流随栅极电压变化的快慢程度。载流子迁移率 μ 是衡量晶体管传导性能的重要指标，其定义为单位电场强度下载流子的平均传输速率，表征不同材料和器件的载流子迁移能力。

亚阈值摆幅（S）是漏电流 I_{ds} 减小一个数量级所需的栅压变化量。它是量化 FETs 随栅压快速关断情况的重要参数，S 值越小，代表器件开关越快，能耗越小，可以通过转移特性曲线的 I_{ds} 取对数来获得。若想得到一个陡峭的亚阈值斜率，即 S 值很小，需要低的沟道掺杂、薄的氧化层厚度、低的面陷阱密度和低的工作温度。另外，金属电极与半导体沟道之间的接触至关重要，它直接影响着载流子的注入过程，从而影响材料内在优异性质的展现。一般而言，金属－半导体接触分为欧姆接触和肖特基接触两种情况。

欧姆接触是相对于半导体器件总电阻而言，其接触电阻可以忽略金属－半导体接触，它界面处势垒非常小，甚至没有势垒，那么与器件上的电压相比，接触上的电压就足够小，好的欧姆接触对器件性能影响不大，是所有半导体器件所必需的。在实际测量中，可通过保持 V_g 不变，测量源漏电流跟随源漏电压的变化（I_{ds}/V_{ds}）来表征其是否为欧姆接触，该曲线又称输出特性曲线。若线性变化，则称之为欧姆接触。而肖特基接触是指当金属和半导体材料接触时，能带在半导体界面处弯曲，形成肖特基势垒，电子能量必须高于该势垒的能量才能越过势垒流入金属，它也因此具备整流特性。对于输出特性曲线，若 I_{ds} 随 V_{ds} 非线性变化，则称之为肖特基接触。

综上所述，高性能的 FET 需要高开关比、高迁移率和低亚阈值摆幅，这些性能参数主要受介电材料（介电层厚度、顶栅和底栅等）、沟道材料（掺杂、缺陷和厚度等）以及器件制备工艺等因素影响。另外，良好的欧姆接触对于半导体器件也至关重要。

场效应生物传感器是基于场效应管器件所构筑的生物传感芯片与换能器，其传感性能主要取决于半导体沟道材料和生物识别元件。常用的半导体纳米材料包括零维的金属纳米颗粒、一维的硅纳米线和碳纳米管、二维纳米材料如石墨烯、二硫化钼和黑磷（BP）等[3]。纳米材料具有高的比表面积、优异的电学和力学性能、高的载流子迁移率及可调的带隙等优势，能够提供大量的表面活性位点用于功能化识别分子，从而实现对特定分析物的高灵敏、选择性响应。此外，构建器件时掺杂纳米材料或者纳米分子，也可提高纳米传感器的性能。在社会飞速发展中，纳米材料 FET 传感器得到了广泛的应用，相较于其他传统传感技术，FET 器件由于具有灵敏度高、易修饰、生物相容性好、易于微型化和集成等优势，在高通量、超灵敏和高选择性生物传感方向展现出巨大的应用潜力。

硅纳米线具有较小的尺寸、大的比表面，可实现较低的灵敏度，并且可以实现硅基电路相兼容，因此基于硅纳米线 FET 型传感器在早期的 FET 型生物传感器领域内掀起一股热潮[4]。硅纳米线场效应晶体管（SiNW-FET）的传感检测过程就是将难以量化的待检测生物信号转变成易衡量的电信号，可以用于验证待检测生物样品溶液中是否含有目标分子以及目标分子的浓度。对于 SiNWs-FET 传感器来说，虽然其具有与硅基电路相兼容的优势，有望实现多路集成化的传感器的制备。但是基于当前制造硅纳米线的技术，可制备的硅纳米线的最小直径约为几十纳米。据报道，随着硅纳米线宽度的减小，硅纳米线具有超强的电荷灵敏度，所以无法进一步缩小硅纳米线尺寸，则大大阻碍了传感器灵敏度的提升。此外，高精度的硅纳米线制备工艺成本较高，所以目前 SiNWs-FET 传感器还在进一步发展研究中。

相比简单的一维硅纳米线材料来说，新兴的二维材料被越来越多的人关注，比如，石墨烯和二硫化钼等。对于二维材料来说，其尺度小，具备更大的比表面积，使得人们对其在制备传感器方面展开一系列的研究。石墨烯是一种以 sp² 杂化连接的碳原子紧密堆积成的单层二维蜂窝状晶格结构，作为一种新的二维材料，其在生物化学等多个领域均有一定的应用前景。Seo[5]对新冠病毒的测试研究，制备了基于石墨烯的 FET 传感器并对新型冠状病毒中的 SARS-COV-2 病毒进行了快速检测，证明了可以通过石墨烯 FET 型生物传感器实现对生物分子的检测（图 7.2）。

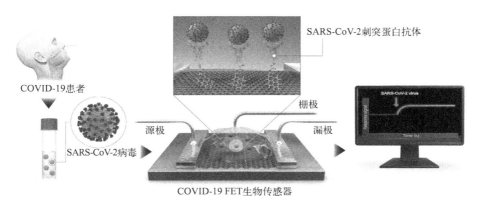

图 7.2 2019 新型冠状病毒疾病传感器测试流程示意图

二硫化钼作为一种新型的超薄半导体纳米材料，其具有大的比表面积。2011 年，Radisavljevic[6]首次制备了基于单层 MoS_2 的 FET 生物传感器，并展示出良好的电学特性。近年，基于 MoS₂-FET 生物传感器也逐渐出现在人们的视野中。2019 年，Liu[7] 采用化学气相沉积方法获得了大量均一单层的二硫化钼薄膜，通过微纳加工工艺制备了高灵敏度的 MoS₂-FET 型生物传感器，并将器件与微流控通道进行封装，实现了在 21 三体综合征检测中的应用。场效应管传感器对 21 号染色体片段的检测原理如图 7.3 所示。目前 MoS₂-FET 生物传感器也在进一步被人们所研究。

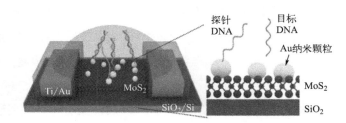

图 7.3 用于筛查唐氏综合征的超灵敏单层 MoS₂ 场效应晶体管 DNA 传感器、MoS₂-FET 生物传感器的结构及工作原理

　　单壁碳纳米管（SWCNT）具有单原子层结构，其表面所有的碳原子都暴露在环境中，对电荷转移非常敏感，其具有大的比表面积、大的载流子迁移率，是一种理想的沟道材料，被人们认为是最具有发展潜力的用于构建 FET 型传感器的纳米材料[8]。多项工作展示了碳纳米管 FET 具有优良的潜在电学特性，也具有生物相容性，所以人们开始聚焦于采用碳纳米管材料制备 FET 型传感器的研究工作。溶液法提纯得到的碳纳米管材料被广泛应用于生物传感器领域，相比单根碳纳米管材料，网状碳纳米管薄膜具有很大的比表面积，也比较容易制备。Liang[9] 在硅/氧化硅基底上制备了高纯度单分散的半导体型单壁碳纳米管网络薄膜，并以氧化钇为沟道材料的保护层，研制一种可以检测人体肝癌细胞囊泡含量的浮栅型 FET 生物传感器。密集排列的碳纳米管作为器件通道能够产生高电流和大跨导。栅介质的保护下，可以使沟道材料免受测试环境以及功能化材料带来的负面影响，以此实现对肝癌细胞囊泡高灵敏度和高特异性的检测。

　　近年来，原子层沉积（ALD）因为可以应用到二维化合物的生长中而受到广泛关注。ALD 是一种无转移低温循环技术，用于在大面积上沉积薄膜。这种沉积方法基于连续和自限制的表面反应，从而可以很好地控制膜组成、厚度、均匀性和构象（对于高纵横比特征）。ALD 技术以其自限制反应而闻名，这是精确厚度控制的基础，并允许晶片规模的合成。这种方法已被广泛用于介电层的形成，特别是

用于诸如 HfO_2 和 ZrO_2 的高 K 电介质材料[10]。此外，采用 ALD 技术制备 MoS_2、ReS_2 等沟道材料同样表现出广泛的前景。

在 Liu[11] 的研究中，使用 ALD 方法以及 $MoCl_5$ 和六甲基二硅烷（HMDST）前体合成了厚度可控的 MoS_2 薄膜，并在 $100mmSiO_2/Si$ 和 50mm 蓝宝石衬底上实现了均匀沉积。以 MoS_2 薄膜作为沟道材料制备了顶栅 FET，并表现出约 10^6 的优异开关比。此外，基于 ALD 技术制备的背栅结构的 MoS_2 场效应管，其栅极接在器件背部，一般以氧化硅作为绝缘层，通过背栅施加电场控制源漏极的电流大小，工作原理与顶栅结构类似。得益于 ALD 制造的二硫化钼，质量均匀，覆盖面积大，所制备的阵列芯片器件表现出较为均匀的电学性能。Xing[12] 通过 ALD 和热蒸镀，分别可控沉积 MoS_2 和 C_{60}，形成复合薄膜材料，并将该复合材料作为沟道材料应用于 FET 的制备。MoS_2/C_{60} 材料形成的异质结势垒有助于 FET 器件性能的提高，在外加光条件下，异质结势垒促使电荷转移效率提高，更加有利于 FET 器件性能的提高。运用 ALD 技术和热蒸镀技术批量制造薄膜，通过控制 ALD 循环数和热蒸镀时长控制 MoS_2 和 C_{60} 的厚度和表面形貌，增加两种薄膜间的界面接触，在外加光源条件下，制造性能最佳的 MoS_2/C_{60}-FET 器件并用于生物传感器的搭建，最终实现了对肿瘤标志物 miRNA-155 的超灵敏检测（图 7.4）。

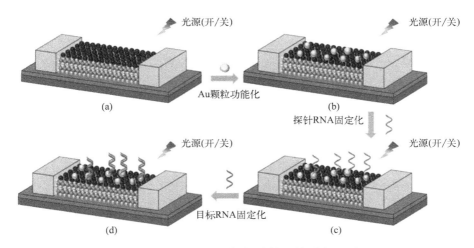

图 7.4 MoS_2/C_{60}-FET 传感器制备及检测流程示意图

得益于 ALD 技术的高保形性和自限特性，ALD 在合成 FET 沟道材料时可以很好地运用构建物理结构和调控化学组分两大优化手段。优化循环数以及选择合适的生长模板可以实现对其物理结构及尺寸的精确制备；控制脉冲参数可以精确控制所构建的异质结构中各组分的原子占比。此外，ALD 的高保形性往往能大幅提高材料比表面积，致使所构造的材料表面具备更为丰富的活性位点，极大地促进后续的掺杂优化与传感检测，而这也使得 ALD 技术在 FET 生物传感领域的应用具备极大的潜力和前景。

7.2　ReS$_2$-MoS$_2$ 异质结纳米管的 ALD 制造与调控

在以下内容中，选择 AAO 作为牺牲模板。受 ALD 在原子级超精密制造方面的优势和低维可控掺杂策略的启发，在本研究中，通过阳极氧化铝模板牺牲法，利用双金属源共腔体 ALD 方法制备了直径可控和层数可控的 MoS$_2$ 纳米管（MoS$_2$ NTs）以及不同异质结界面数的具有超晶格结构的 ReS$_2$-MoS$_2$ 纳米管（ReS$_2$-MoS$_2$ NTs）。同时，以单根纳米管为沟道，制备出高性能 FET 器件（MoS$_2$ NT FET 和 ReS$_2$-MoS$_2$ NT FET），性能远优于 ALD 制备的相同沟道面积二维 MoS$_2$ 场效应晶体管器件。最后在外加光源条件下，以 ReS$_2$-MoS$_2$ 纳米管网络为沟道的场效应晶体管器件（ReS$_2$-MoS$_2$ NTs FET），能够在 10aM ～ 1nm 的线性范围内，实现对生物分子 miRNA-21 的超灵敏检测，检测限低至 2.1aM。

7.2.1　MoS$_2$ 纳米管的可控制造

（1）不同管径 MoS$_2$ 纳米管的可控制备

AAO 模板是一种成熟的、商业化的微纳模板，其拥有均匀的、可控的孔径以及孔深参数，因此被广泛应用于制备纳米管和纳米线结构。接下来，本书通过采用不同规格的 AAO 模板，制备了不同管径的 MoS$_2$-NTs。如图 7.5 所示，本书通过 SEM 得到了六种不同规格的 AAO 模板表面图，根据孔径从小到大分别被标注为 AAO-1、AAO-2、AAO-3、AAO-4、AAO-5 和 AAO-6，孔径分别是 50nm、100nm、150nm、200nm、250nm 和 300nm。

接下来，本书通过对以上六种 AAO 模板进行 150 循环（150C）的 ALD 处理，成功制备出不同管径的 MoS$_2$-NTs，分别标注为 A1、A2、A3、A4、A5 和 A6，如图 7.6 所示，它们拥有与 AAO 模板孔径相对应的管径。通过观察相应的 HRTEM 图，可

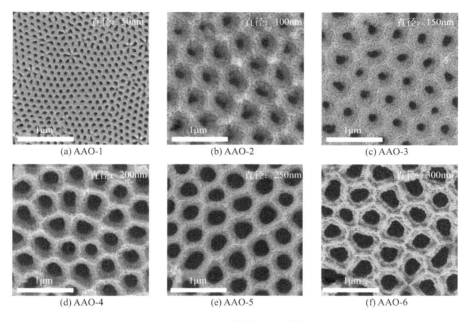

图 7.5 不同规格的 AAO 模板

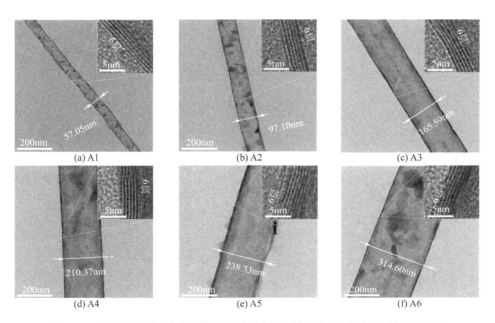

图 7.6 不同规格的 AAO 模板制备出的拥有不同管径的 MoS$_2$ NTs 的 TEM 图

以发现，这些纳米管的壁厚相同，都是 6 层。

（2）MoS$_2$ 纳米管 FET 性能测试方法

为了研究合成产物的电学性能，我们将单根 MoS$_2$NT 制作成场效应晶体管（field effect transistor，FET）器件，测试了其载流子输运性能。器件的具体制作方法如下：

① MoS$_2$ 纳米管转移。取切割成 $1 \times 1cm^2$ 大小的 SiO$_2$/Si 基底置于 80℃热板上，将一滴 MoS$_2$ 纳米管乙醇溶液滴在硅片上，待去离子水完全烘干后保持热板温度继续烘干样品 12h，以完全除去样品中吸附的水。

② 旋涂光刻胶。用 AZ5214 作为光刻胶。首先将硅 / 二氧化硅衬底放置在匀胶机的托盘上，设定低速涂胶的运行转速为 500r/min，涂胶的持续时间大约为 20s，然后设定高速涂胶的运行转速为 3000r/min，涂胶的持续时间大约为 40s。涂胶完成后，取下样品放置在事先已经加热好的烘干台上，在 180℃下加热 2min。

③ 电子束曝光及显影定影。用设计的模板进行掩模对准，在显微镜下通过移动硅片将单根的纳米管移动到模板的源漏电极之间，然后曝光 5s。随后在显影剂中进行显影以溶解曝光区域。

④ 热蒸发镀金属电极及去胶。使用热蒸发镀膜仪蒸镀 50nm 的 Au，沉积速率小于 5Å/s。在镀完金属之后，用金属剥离工艺来移除多余的金，这是通过将样品浸入乙醇溶液中 1h，随后将多余的 Au 与未曝光区域的光刻胶一起移除。

制备成功的单根 MoS$_2$ NT 场效应管示意图如图 7.7 所示。

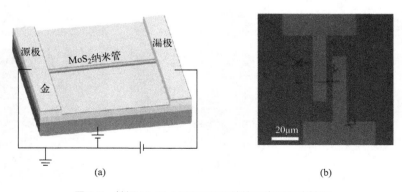

图 7.7 单根 MoS$_2$ NT FET 器件的示意图和光镜图

器件制作完毕后，我们进行了电学性能的测试。首先在不同栅压（V_{bg}=-2 ～

2V）的条件下，测试了器件的 I-V 特性，结果如图 7.8（a）所示。可以看到 V_{ds} 在 -2 ~ 2V 的测试区间内，器件的电流信号近乎一条直线，说明沉积的 Au 电极和 MoS$_2$ NT 之间形成了良好的欧姆接触。形成这一结果的原因是金属 Au 的功函数高达 5.2eV，远大于文献中报道的 MoS$_2$ 的功函数。由于当金属与半导体接触时，电子会自发地从功函数低的一侧流向功函数高的一侧，因此电子会从 MoS$_2$ 流向 Au 而无需越过接触势垒。随后，我们将 V_{ds} 设定为 1V，而将 V_{bg} 的变化范围设置为 -40 ~ 5V，测试了器件的转移特性，结果如图 7.8（b）所示。观察器件的转移特性曲线可知，随着栅极电压的增加，器件电流（I_{ds}）逐渐减小，显示出 p 型半导体特性，且整个器件表现出增强型模式。

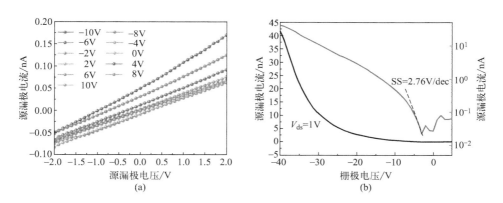

图 7.8　器件在加不同栅压时的 I-V 特性曲线（a）以及转移曲线（b）

（3）不同管径 MoS$_2$ 纳米管 FET 性能测试

不同管径的纳米管器件之间的性能差异主要由于 MoS$_2$ NTs 的尺寸差异导致。器件转移曲线测试结果如图 7.9 所示，A4 具有最好的电流响应和开关比为 2×10^3。计算单根纳米管器件载流子迁移率 μ 的公式如下：

$$\mu = \frac{dI_{ds}}{dV_{bg}} \frac{L^2}{C_{ox} V_{ds}} \tag{7.1}$$

$$C_{ox} = \frac{2\pi\varepsilon\varepsilon_0 L}{\mathrm{arc\,cosh}\dfrac{r+t_{ox}}{r}} \tag{7.2}$$

其中，L 为导电沟道长度，5μm；C_{ox} 是栅极氧化物的电容；ε 是栅极绝缘体的介电常数（对于 SiO_2，$\varepsilon=3.9$）；ε_0 是真空介电常数（$8.85\times10^{-12}Fm^{-1}$）；$r$ 是纳米管的半径；i_{ox} 是氧化物的厚度（300nm）。计算得出 A4 有着最高达 $1.17cm^2/(V\cdot s)$ 的载流子迁移率。A1～A4 器件电流响应与载流子迁移率的提升主要由于纳米管直径的增加，器件的比表面积不断增加，提供了更多的活性位点来加速电子转移。而 A5、A6 器件的电流响应与载流子迁移率开始降低是由于纳米管直径的进一步增加，纳米管两端与 Au 膜电极之间出现了更大的接触电阻而导致。基于上述实验结果，A4 器件具有最大的整体优势，因此，AAO-4 被选为进一步研究的标准模板。

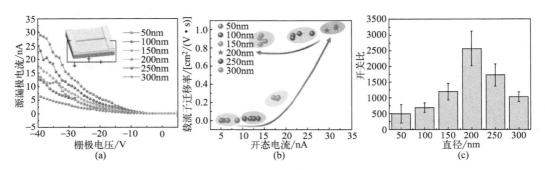

图 7.9　在不同管径下的 MoS_2 NT FET 的转移曲线图（a）、开态电流和载流子迁移率图（b）以及开关比（c）

（4）不同层数 MoS_2 纳米管的可控制备

通过 ALD 技术具有原子级生长薄膜和能够通过控制反应周期就可以精确控制薄膜厚度的特点来精确调控 MoS_2NT 的层数。通过前期大量的实验准备，得到 ALD 技术在 AAO-4 上制备一层 MoS_2NT 需要 25 个循环。由 25 个、50 个、75 个、100 个、125 个、150 个、175 个、200 个、225 个和 250 个 ALD 循环的 AAO 通过 SEM 表征（见图 7.10），我们可以清楚地发现，AAO-3 在经过不同 ALD 循环处理后的表面有明显的规律变化。随着 ALD 的循环数增多，原本洁净的 AAO 表面上逐渐覆盖上片状物，并且在 100 个循环后产生了明显的面外生长，随着 ALD 循环数的增多更为明显，这与前人研究的 ALD 生长 MoS_2 的现象相似。

经过刻蚀处理后，我们得到管壁层数为 1～10 层的 MoS_2 纳米管样品（见图 7.11），它们拥有长直的管状结构和均匀的管壁。不难发现，管壁大于四层的纳米管直径在 200nm 左右，与 AAO-4 的孔径尺寸基本吻合，说明当 MoS_2 纳米管管壁层数大于 4 层时，MoS_2-NTs 大致能保持良好的中空管状。当 ALD 循环数过少，比如 1 ~ 4 层样品，通过 TEM 图片可以发现它的直径远远大于 200nm 左右，比 AAO-4 孔径大许多，这是由于壁厚过薄导致出现了塌缩的管状结构或者是类纳米带结构所导致的。这种现象在增加 ALD 循环数后逐渐减弱。

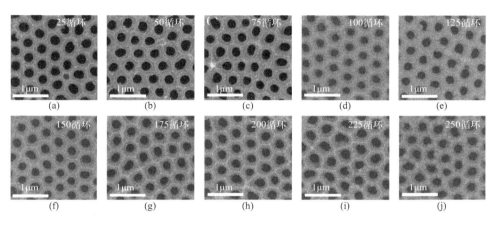

图 7.10　AAO-4 在不同 ALD 循环下的 SEM 图

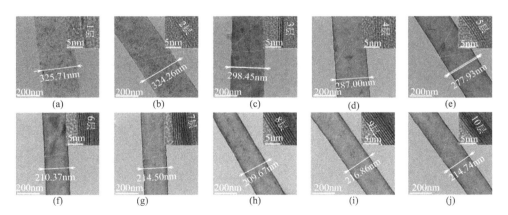

图 7.11　基于 AAO-3，通过不同 ALD 循环数制备出的 MoS_2-NTs 的 TEM 图，管壁层数 1 ~ 10 层；（a）~（e）的右上角是它们各自的局部 HRTEM 放大图

（5）不同层数 MoS_2 纳米管 FET 性能测试

在图 7.12 中，1L MoS_2 NT 制备的 FET 有着最低的电流响应以及低至 0.09cm²/（V·s）的载流子迁移率，这表明该器件有着最弱的电子传输能力，这是由于其超薄管壁导致的。此外，8L MoS_2 有着最高电流响应与 1.75cm²/（V·s）的载流子迁移率和 $3×10^3$ 的开关比。同时，随着纳米管壁厚的增加，MoS_2 的拉曼图谱中 E_{2g}^1 与 A_{2g} 峰强度也

随之增加。在 MoS₂ NT 中，电子通过卷曲的 MoS₂ 片传输，在多层的 MoS₂ NT 中，电子迁移到内层时，被每层的范德华间隙所阻挡。因此，只有部分层数的 MoS₂ 有助于载流子的传输，这也解释了随着纳米管层数的增加，MoS₂ NT FET 的电流响应到 8 层时达到了饱和。

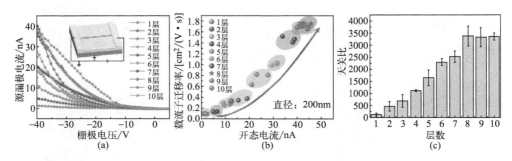

图 7.12　在不同层数下的 MoS₂ NT FET 的转移曲线图（a）、开态电流和载流子迁移率图（b）以及开关比（c）

由 8 层 MoS₂ 制备的场效应管拥有最好的电学性能，所以接下来的实验中选用 200 循环作为 ALD 循环数进行超晶格结构 ReS₂- MoS₂ NTs 的生长。

7.2.2　ReS₂-MoS₂ 超晶格纳米管的可控制造

在自制的多源可控 ALD 装置中，在 AAO 模板上沉积 MoS₂ 与 ReS₂，采用 MoCl₅、ReCl₅ 和 H₂S 作为前驱体进行沉积。在实验开始前，依次用丙酮、乙醇和去离子水对 AAO 模板清洗，之后将烘干后的模板用氧等离子体处理 5min。然后用支架将 AAO 模板以垂直气流方向放置在腔体内。根据之前的工作，460℃ 被确定为 MoS₂ 薄膜的最佳温度，400℃ 被确定为 ReS₂ 薄膜的最佳温度，在加热到最佳温度之后保温 1h。固体 ReCl₅ 和 MoCl₅ 前驱体分别保持在 140℃ 和 110℃ 的钢瓶中，分别以 90sccm，50sccm，50sccm 的 N₂ 载气流量将 MoCl₅、ReCl₅ 和 H₂S 送入反应腔，一个 MoS₂ 循环包括 MoCl₅ 脉冲（1s）、N₂ 吹扫（60s）、H₂S 脉冲（1s）和 N₂ 吹扫（60s），一个 ReS₂ 循环包括 ReCl₅ 脉冲（1s）、N₂ 吹扫（60s）、H₂S 脉冲（1s）和 N₂ 吹扫（60s）。

根据前期的大量实验工作，在 AAO 模板制备出单层的 MoS₂NTs 需要 25 个 MoS₂ 循环，制备出单层的 ReS₂NTs 需要 10 个 ReS₂ 循环。单层的 ReS₂NTs 与单层的 MoS₂NTs 交替制备就得到具有超晶格结构的 ReS₂-MoS₂NTs。将经过 ALD 实验后的 ReS₂-MoS₂ NTs/AAO 放入 1M NaOH 溶液中 24h 制备出 ReS₂ MoS₂ NTs。之后，反复稀释 NaOH 溶液并用乙醇代替，直到成为中性溶液。

　　在本书中，利用掩模光刻对准的技术，成功制备出以单根纳米管为沟道的场效应管［见图 7.13（a）］，其沟道长度为 5μm，作为源极与漏极的金均匀覆盖在纳米管两侧。通过 TEM 可以确定制备出的是中空的纳米管结构且与模板直径相符［见图 7.13（b）］。通过将纳米管进行石蜡包埋与超薄切片，能够进一步探究纳米管的层间结构。更高分辨率的 STEM 图像揭示了原子级分辨的 ReS₂-MoS₂ 超晶格结构，它由单层 ReS₂ 和单层 MoS₂ 的交替层组成［见图 7.13（c）］，此外，EDS 强度曲线清晰地显示了 Re 和 Mo 的交替峰，证实了 ReS₂-MoS₂ 超晶格的形成。高分辨率 STEM 图像揭示了 ReS₂ 层间距为 0.62nm 和 MoS₂ 层间距为 0.65nm，这与二维单层 ReS₂ 和单层 MoS₂ 异质结构的重复单元的预期厚度一致，表明超晶格中具有很少层间污染的高质量界面。用 ALD 制备的 ReS₂ 与 MoS₂ 形成高质量的异质结界面，具有原子光滑的表面，相对没有悬空键和电荷陷阱，这有利于电子传输效率。总之，这些结构分析清楚地表明，我们已经成功地生产了高质量的具有超晶格结构的 ReS₂-MoS₂ NTs。

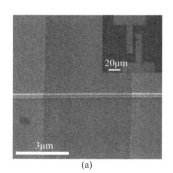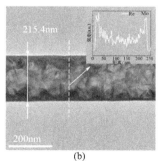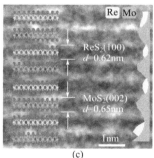

图 7.13　单根超晶格纳米管为沟道的场效应管示意图、SEM 图和光学显微镜图（a），具有超晶格结构 MoS₂-ReS₂ 异质结纳米管的 TEM 图（b）以及 MoS₂-ReS₂ 超晶格截面的 STEM 图像（c）

7.2.3　生物传感器构筑

　　本小节基于前面 ALD 法和优化得到的性能最优的超晶格结构的 MoS₂-ReS₂

NTs 材料，搭建了 miRNA 生物传感器。

生物传感器的搭建示意图如图 7.14 所示。

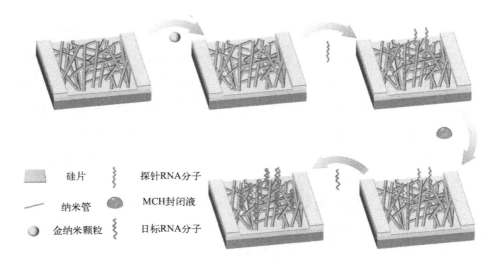

硅片　　　探针RNA分子

纳米管　　MCH封闭液

金纳米颗粒　目标RNA分子

图 7.14　搭建生物传感器流程的示意图

第一步，热蒸镀金纳米颗粒（Gold Nanoparticles，AuNPs）。首先用热蒸发镀膜仪在 FET 器件沟道上蒸镀 AuNPs，热蒸镀速度为 0.6Å/s，热蒸镀时长为 120s，热蒸镀制备的 AuNPs 具有良好的均匀性。所获得器件记为 AuNPs-ReS$_2$-MoS$_2$ NTs FET。用 PBS 溶液洗涤电极 3 次，然后在室温下干燥。

第二步，固定探针 RNA。之后，将 1μL 探针固定缓冲液滴在 FET 沟道区域上，干燥后得到 Probe-AuNPs-ReS$_2$-MoS$_2$ NTs FET，简称 Blank FET，并在黑暗环境中孵育 8h。

第三步，结合 MCH。将 1μL MCH（1mM）滴到 FET 沟道区域 60min，以填充未反应的 AuNPs 并封闭任何非特异性吸附位点。之后将修饰电极用 PBS 溶液（pH=7.4）洗涤（除去多余 MCH）并在室温下干燥。

第四步，固定检测目标 miRNA-21。将一定浓度的 miRNA-21（1μL）滴在沟道上，并在 37℃下孵育 120min。所得电极记为 miRNA-21-Probe-AuNPs-ReS$_2$-MoS$_2$ NTs FET。最后，用 PBS 洗涤 FET 并通过四探针设备进行测量电流响应。

此外，在沟道正上方 60cm 处外加功率为 1mW、波长为 405nm 的蓝紫光来增强器件性能，从而提高检测极限。

7.2.4　ReS$_2$-MoS$_2$ 超晶格纳米管生物传感应用验证

为了得到最佳的生物检测结果，选择了纳米管网络作为沟道材料［见图 7.15（a）］。另外，在沟道正上方额外添加光源来增强器件性能，从而提高检测极限。AuNPs 沉积在样品 RM4 组成的纳米管网络上，通过形成 Au-S 键来固定探针。金纳米粒子蒸镀在 FET 沟道表面导致光电流略有下降，其原因如下：AuNPs 的费米能级较低，影响 ReS$_2$ 与 MoS$_2$ 之间的电荷转移。另外由于 AuNPs 对沟道表面的均匀密集覆盖，AuNPs 的覆盖减少了沟道材料受外加光源照射的面积，从而使得光生载流子减少。光电流的下降是上述两个方面作用的结果。此外，随着加入 1μL 1μM 探针，探针分子吸附在沟道表面，引起沟道中的多数载流子浓度增加，导致器件电阻减小，电流增大［见图 7.15（b）］。

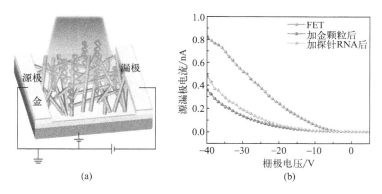

图 7.15　FET 传感器生物检测示意图（a）以及在传感平台构建过程中 ReS$_2$-MoS$_2$ NT FET、AuNPs-ReS$_2$-MoS$_2$ NT FET 和 Probe-AuNPs-ReS$_2$-MoS$_2$ NT FET 光电流响应（b）

在图 7.16 中，当杂交时间增长，电流持续下降，直到杂交时间达到 2h 后，电流值稳定，足以表明目标 miRNA 和探针完全杂交。同时在不同的杂交温度下，最高的电流值出现在 37℃，这与正常人体温度一致。通过这种方式，杂交时间和孵育温度在实验上得到优化。

此外，基于上述的 FET 器件，miRNA-21 可在 10aM ~ 1nM 范围内有效检测［见图 7.17（a）］。在器件上滴加 1μL 的 miRNA-21 后，光电流增加，这是由于探针分子通过 AuNPs 的连接均匀分布在器件表面，使得作用机制主要由静电感应主导，带负电荷的目标 RNA 分子与探针分子相结合，在沟道中感应出更多的多数载流子，最终使得光电流上升，并且光电流随着 miRNA 分子浓度的升高而升高。同时，从光电流（$\Delta I/I_0$）和 miRNA-21 浓度的对数之间的线性关系 [见图 7.17（b）] 可以获得 $I=11.85x+216.08$，相关系数 $R^2=0.99$，检测限为 2.1aM（信噪比 =3）。

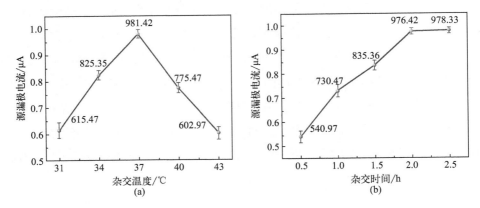

图 7.16 杂交时间对电流的影响（a）以及杂交温度对电流的影响（b）

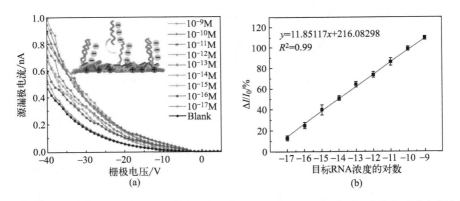

图 7.17 从 10aM ~ 1nM 对不同浓度的 miRNA-21 的光电流响应（a）以及生物传感器光电流值（$\Delta I/I_0$）与对 miRNA-21 浓度的校准曲线，误差线表示三个实验的标准偏差（b）

然后通过 4 种其他类型的 miRNA 在 10aM 下比较检测特异性 [见图 7.18（a）]，其中 miRNA-21（514.3nA）的光电流变化远高于 SMmiRNA-21（84.1nA）、miRNA-182（72.3nA）和 miRNA-505（73.4nA），这表明该传感平台对 miRNA-21 具有高选择性。在 300s 内对滴加了浓度为 10aM 的目标 miRNA-21 的 FET 连续测试 6 次来判断器件的稳定性，得到实验的相对标准偏差（RSD）为 1.5% [见图 7.18（b）]，证明该 FET 生物检测传感器有良好的重复性。另一方面，将滴加了浓度为 10aM 的目标 miRNA-21 的 FET 生物传感器在 4℃的黑暗中放置 8 天，以测试它们的长期稳定性［见图 7.18（c）］。随着存储时间的增加，FET 生物传感器的检测响应电流有所下降，但经过 8 天后，该 FET 生物传感器仍能保持初始性能的 93.2%，表明该 FET 生物传感器具有良好的稳定性。

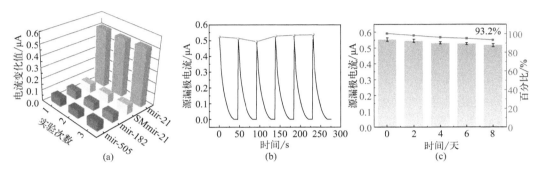

图 7.18　特异性检测图（a）、稳定性检测（b）以及重复性检测（c）

7.3　SWCNTs/MoS$_2$ 复合薄膜的 ALD 制造与调控

　　利用场效应晶体管所制备的生物传感器，具备高灵敏度、快速响应、无标签操作和大规模集成等实际优势。生物分子和通道材料之间的电荷相互作用导致器件电势的改变，从而通过电流反馈信号确定所需生物分子的浓度数据，以实现高灵敏度的生物分子检测。传统的碳基 FET 生物传感器的沟道材料表面存在绝缘层（Y$_2$O$_3$ 等），可以减少待测溶液本身对于沟道材料电导电势的影响。然而，已经发现绝缘层对器件的性能具有不利影响。同时，绝缘层生物分子与通道材料之间距离的增加阻碍了检测极限的潜在增强。

　　ALD 技术已证明通过控制循环次数可以对 MoS$_2$ 薄膜的厚度进行有效控制，故有望在 SWCNTs 上可控生长 MoS$_2$，从而精确调整 SWCNTs/MoS$_2$ 薄膜形态。因此，基于 ALD 技术所构建的 SWCNTs/MoS$_2$ 异质结可以作为 FET 生物传感器的可行通道材料，能避免绝缘层的影响。经 ALD 技术调控后的器件表现出优异的电学性能和良好的生物相容性，在提高生物传感的检测极限领域内具备相当大的应用潜力。

7.3.1 SWCNTs/MoS$_2$薄膜可控制造

根据最近的研究报告，单壁碳纳米管与 MoS$_2$ 等 2D 过渡金属硫族化合物（TMD）之间存在强烈的力电耦合，电荷可以在界面快速传输，这可以显著提高器件的光电性能。在用于生物传感的 FET 器件中使用异质结材料作为沟道材料有望减轻绝缘层的影响。先前的研究已经探索了机械剥离和 CVD 生长的 2D 材料和 SWCNTs 异质结构对半导体器件功效的影响，并已成功应用于光电子领域。然而，在 SWCNTs 膜和 2D 材料的异质结构中实现大面积、均匀和可控的制备以及提高器件性能仍然是一个重大挑战。因此，为了使基于 SWCNT 的异质结构能够在生物传感中应用，寻找一种实现 SWCNT 与 2D 材料均匀结合并控制 2D 材料生长厚度的新方法是一个迫切需要解决的问题。ALD 技术可以控制循环次数对 MoS$_2$ 膜的厚度进行有效控制，通过 ALD 技术在 SWCNTs 薄膜上控制 MoS$_2$ 的生长来构建异质结有望作为 FET 生物传感器的可行通道材料。

需要得到适合应用于 FET 器件构筑的半导体性单壁碳纳米管薄膜，采用聚合物分选法来制备高纯度、单分散性的半导体性单壁碳纳米管溶液。制备过程如图 7.19 所示，将电弧放电法制备的单壁碳纳米管粉末与聚［9-（1-辛基壬基）-9H-咔唑］（PCz）以 1：1 的质量比共溶于甲苯溶液中，溶液浓度调制为 0.5mg/mL。采用超声波细胞破碎机在 200W 的功率下超声 1h，再使用高速离心机将超声结束所得溶液于 25000g 的离心力下离心 2h，取 90% 的上层清液。离心后的上层清液再使用抽滤装置辅以四氢呋喃溶液进行抽滤清洗，这主要是考虑到 PCz 聚合物易溶于四氢呋喃（THF）的特性从而去除离心液中的过量的聚合物。反复抽滤清洗数次，得到高纯度、单分散的半导体性单壁碳纳米管溶液。

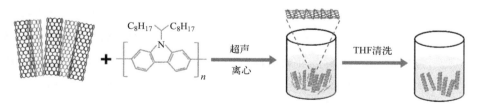

图 7.19　半导体单壁碳纳米管溶液的制备

此外，已有文献证明，$\Phi>0.4$ 可以得到半导体性单壁碳纳米管纯度 >99%，图

7.20（a）的紫外－可见－近红外吸收光谱中 $\Phi=0.41$ 可以证实溶液中半导体性单壁碳纳米管纯度高于 99%。将 Si/SiO$_2$ 衬底浸入半导体性单壁碳纳米管溶液中沉积合适时间获得密度合适的 SWCNTs 薄膜，扫描电子显微镜（SEM）下的单壁碳纳米管网络薄膜如图 7.20（b）所示。

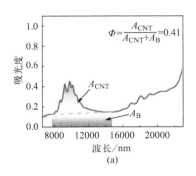
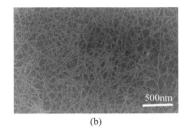

图 7.20 半导体性碳纳米管溶液紫外－可见－近红外吸收光谱图（a）以及碳纳米管网络薄膜 SEM 表征图（b）

成功在基底上制备碳纳米管网络薄膜后，利用 ALD 技术在 SWCNTs 网络薄膜上制备 MoS$_2$ 薄膜。在 ALD 的循环过程中，前驱体 Mo 和前驱体 S 会沉积在碳纳米管壁之上以及碳纳米管网络间隙之间，并进行一系列腔体内化学反应形成稳定的 MoS$_2$ 薄膜层，且随着沉积循环数的增加，基底表面形态发生变化，主要体现在 MoS$_2$ 从一开始的在基底缝隙间成核生长变成在碳纳米管管壁上成核生长，再到逐渐包裹碳纳米管薄膜。所制备不同形貌的异质结网络薄膜，其精细结构的原子力显微镜表征如图 7.21 所示。

7.3.2 生物传感器构筑

在基底上制备完成 SWCNTs/MoS$_2$ 异质结薄膜后，考虑到 ALD 沉积的 MoS$_2$ 不同循环数影响复合结构的表面形态，故对所制备的 FET 器件性能也有着重要影响。基于 ALD 的循环数来调控 SWCNTs/MoS$_2$ 的表面形态以实现高性能 FET 生物传感器的构筑至关重要。鉴于电学性能参数（如开关比和迁移率）在生物检测过程中的重要性，SWCNTs@MoS$_2$-FET 生物传感器必须具有高载流子迁移率与高开关比的特点，才有望应用生物传感领域。FET 器件的构筑采用标准的集成电路设计工

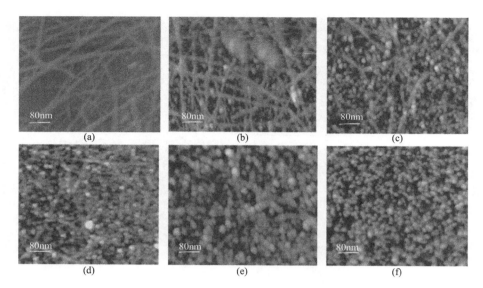

图 7.21　SWCNTs 薄膜上生长 0、1、3、5、8、10 循环数 MoS$_2$ 的 AFM 表征图（a ~ f）

艺。设计出阵列的电极图案后，采用标准光刻工艺制备电极图案，然后通过热蒸镀仪制备 Au 电极（厚度为 40nm）。为了避免沟道区域之外的材料对器件造成漏电等负面影响，利用氧等离子体刻蚀消除沟道区域以外的多余 SWCNTs 和 MoS$_2$，然后将芯片储存在真空干燥炉中用于后续的实验。

　　所制备的 FET 器件使用半导体参数仪结合探针位移台进行电学性能测试。图 7.22（a）显示了场效应晶体管器件的电气性能测试原理图。此外，图 7.22（b）展示了在 SWCNTs 膜上具有不同循环次数的 MoS$_2$ 层器件的转移曲线。可以推断，导通电流随着 MoS$_2$ 层的循环次数的增加而减小。然而，开关比和迁移率在 3 个循环时达到最大值。另一方面，SWCNTs/MoS$_2$ 是受 SWCNT 的 p 型传导和 MoS$_2$ 的 n 型传导共同影响，器件表现出双极性转移特性。具体而言，在负栅极电压下，空穴主导 SWCNT，而在正栅极电压下电子主导 MoS$_2$ 沟道。

　　传感器的性能可能受到 MoS$_2$ 层中循环次数不足或循环次数过多的影响。当沉积 1 个循环的 MoS$_2$ 时，它以纳米晶体的形式黏附在硅衬底上，没有形成均匀的层。相反，当使用 3 个循环时，在碳管上形成均匀的膜。由于 MoS$_2$ 沉积引起的散射和掺杂效应，由多个循环（5、8、10 或更多）导致的 MoS$_2$ 膜的过厚会对碳纳米管的迁移率和开关比性能产生负面影响。此外，实验结果表明，3 循环 MoS$_2$ 覆盖的

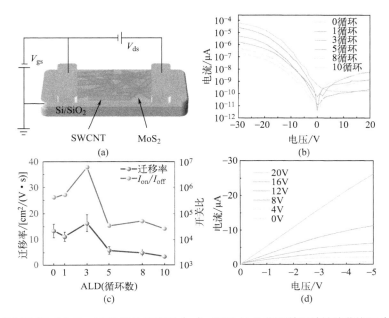

图 7.22 SWCNTs/MoS$_2$-FET 器件示意图（a）、不同 ALD 循环数器件转移曲线图（b）、迁移率和开关比统计图（c）以及 3 循环器件输出曲线图（d）

FET 器件显示出最优的开关比和迁移率，与理论预期一致。图 7.22（d）所示的线性输出曲线同时表明，器件具有良好的欧姆接触。

在 SWCNT 上 ALD 生长均匀的 MoS$_2$ 薄膜之后，此种复合结构影响了所构筑的 FET 器件的电学性能，原因之一的形态差异已经提及过，但其异质结构间微观机理需仔细叙述。考虑到 SWCNT 与 MoS$_2$ 的带隙，分别为 0.66eV 和 1.2eV，以及它们相应的 4.3eV 和 4.2eV 功函数，异质结构的能带分析图如图 7.23 所示。SWCNTs 的导带底低于 MoS$_2$ 的导带底，并且 MoS$_2$ 的费米能级高于接触前的 SWCNTs。因此，从 MoS$_2$ 到 SWCNT 发生了显著的电子转移。随后，在接触时，由于电荷转移，二者的费米能级逐渐排列。这表明 SWCNT 和 MoS$_2$ 形成了具有一定程度相互作用的范德华异质结，而不仅仅是混合物。同时，促进电子 - 空穴对分离的电荷转移效应的增强是提高开关比和迁移率的主要因素。

此外，图 7.23（b）可以清晰得出单壁碳纳米管在 1598cm^{-1} 附近与硫化钼在 375cm^{-1} 和 400cm^{-1} 附近的特征峰。两种物质的特征峰同时出现在异质结构的拉曼表征图中也进一步验证了在 SWCNT 上 ALD 生长 MoS$_2$ 可行性。在插图中，E_{2g}^1 模

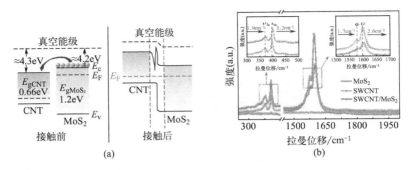

图7.23 SWCNT与MoS$_2$接触前后的能带图（a）以及MoS$_2$、SWCNT、SWCNT/MoS$_2$的拉曼光谱（b）

式和A_{1g}模式的特征峰红移的位置分别为1.9cm^{-1}和3.2cm^{-1}。这两个特征峰的红移与MoS$_2$往碳纳米管的电子转移存在密切关系。同样，另一幅插图显示G$-$和G$+$峰位置的红移分别为1.7cm^{-1}和2.6cm^{-1}，这是由于硫化钼注入的电子引起碳纳米管的N型掺杂所导致G峰的进一步红移。能带分析结果与拉曼测试结果一致，为异质结界面处的电荷转移现象提供了额外的证据，同时也证实ALD沉积的硫化钼与碳纳米管之间的电荷转移特性能提高FET器件的电学性能。

7.3.3 SWCNTs/MoS$_2$生物传感应用验证

经过对沟道的异质结材料的微观结构表征、电学性能测量和机理分析之后，确定了在碳纳米管网络薄膜上ALD生长MoS$_2$的最优循环数为3循环。在制备的SWCNTs/MoS$_2$-3cyles-FET器件的通道材料上蒸镀AuNPs可以方便地与DNA探针中的$-$SH基团连接，形成Au$-$S键，用于固定探针分子。待测生物分子和通道材料之间的电荷相互作用导致器件电势的改变，故而能通过电信号的测量提供所需生物分子的浓度信息，从而实现高度灵敏的生物分子检测。通过对不同浓度miRNA-21的转移曲线源漏极电流信号进行拟合，得到该传感器的检测极限。

考虑到SWCNT同样可以作为沟道敏感材料来构筑FET生物传感器，为了与传统的碳纳米管沟道材料生物传感器比较，对SWCNTs-FET与SWCNTs/MoS$_2$-3cyles-FET的生物传感检测性能进行对比必不可少。SWCNTs-FET器件在低miRNA浓度下操作的情况表明，它对捕获的miRNA-21表现出正常反应。然而，在高浓度下，沟道电流的变化相对较小。特别是在1 ~ 100pM的范围内，器件的源漏极电流保持几乎相同。相反，在 SWCNTs/MoS$_2$-FET 生物传感器中，如图 7.24（b）所示，miRNA-21 浓度从 10^{-17}M 增加到 10^{-10}M 导致 I_{ds} 连续均匀增加。整个检测证明了 SWCNT/MoS$_2$-FET 器件具备卓越的灵敏度和显著的信号响应且对 miRNA-21 实现了 1×10^{-17}M ~ 1×10^{-10}M 的线性检测以及 1.9×10^{-18}M 的超高灵敏度检测。

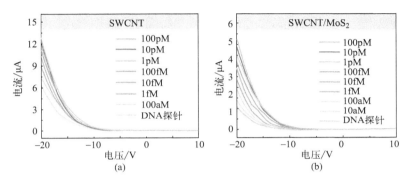

图 7.24　SWCNT-FET 器件（a）、SWCNT/MoS$_2$-FET 器件（b）对 miRNA-21 不同浓度检测的转移曲线图

图 7.25 展示了两种生物传感器的（$\Delta I/I_0$）值与 miRNA-21 浓度之间的相关性。SWCNTs@MoS$_2$-FET 器件表现出比 SWCNTs FET 器件更全面的线性范围以及更优的线性关系（相关系数为 0.994）。基于 $3\sigma/S$ 规则，LOD 的计算结果为 1.9aM（σ 表示空白信号的标准偏差；S 是斜率）。

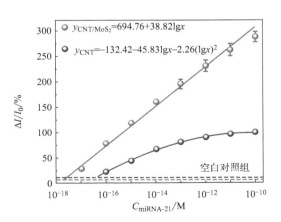

图 7.25　两种 FET 生物传感器的 miRNA-21 浓度的校准曲线

特异性是评估生物传感器的一个关键因素。利用 SWCNTs-MoS$_2$ FET 生物传感器，在 1pM 的浓度下实现了对单碱基错配的 miRNA-21、miRNA-182 和 miRNA-505 的检测。结果表明，SM miRNA-21、miRNA-182 和 miRNA-505 的信号反应是不显著的，不到 miRNA-21 诱导的信号响应的 20%。这

证实了所制备的 FET 生物传感器对 miRNA-21 的高特异性。此外，如图 7.26（b）所示，FET 传感器的信号强度在储存 8 天后仍保持在 **94.6%**，表明了所构建的 FET 生物传感器显示出优异的储存稳定性。

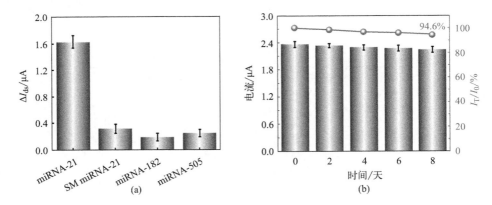

图 7.26 SWCNTs/MoS₂-3-cycles-FET 生物传感器对不同 miRNA 的反应信号（a）以及制备的生物传感器连续储存 8 天的信号强度（b）

超灵敏和可靠的检测得益于 SWCNTs/MoS₂ 通道材料制备。在碳纳米管网络薄膜上沉积 MoS₂ 层之后，材料的界面波动和粗糙度显著增加。这种形态差异可归因于 MoS₂ 涂覆的 SWCNTs 的 ALD 生长，从而增强了材料的比表面积，而更大的比表面积有利于为探针吸附和 miRNA 杂交提供更多的活性位点，从而提高了 miRNA-21 的检测范围与检测极限。同时，SWCNTs/MoS₂-FET 器件的开关比和迁移率显著提高的主要因素归因于促进电子－空穴对分离的电荷转移效应的增强。

7.4　C₆₀/MoS₂ 薄膜的 ALD 制造与调控

7.4.1　C₆₀/MoS₂ 薄膜可控制造

沟道材料的选择对场效应管的性能有很大影响。纳米半导体材料包括一维和二维半导体材料，由于其优异的静电特性和高的表面体积比，已经被用于构建基于场效应晶体管等的生物传感器。二维二硫化钼由于具有较大的带隙，比石墨烯更具有作为沟道材料来构建高响应和高灵敏度的生物传感器的潜力，但由于较低的载流子迁移率，而限制了其在生物传感器中的应用范围。选择合适的材料与 MoS_2 组合形成范德华异质结，在两种材料的界面间形成势垒，通过异质结的光电响应增加载流子迁移率，从而提高场效应管的性能。而 C_{60} 具有良好的光电荷转移特性，在无机半导体材料与 C_{60} 的界面上，在光照条件下能够快速实现光电荷的分离。故此项研究将 MoS_2 与 C_{60} 复合，作为场效应管的沟道材料。分别通过 ALD 技术制备 MoS_2 薄膜，热蒸发镀膜制备 C_{60} 薄膜，在获得厚度稳定的 MoS_2 薄膜后，将 C_{60} 蒸镀至 MoS_2 薄膜上，复合得到 MoS_2-C_{60} 异质结。

制备方法如下：

（1）单少层 MoS_2 的制备

将 4in（1in=2.54cm）二氧化硅晶圆用金刚石刀裁切为尺寸 20mm×20mm 的二氧化硅片备用。依次使用丙酮、乙醇和去离子水超声清洗 20min。接着将清洗后的二氧化硅片浸泡于加热的食人鱼溶液（H_2SO_4:H_2O_2=7:3）中，50min 后取出，用去离子水反复冲洗后，氮气吹干备用。以二氧化硅片为基底，利用自建 ALD 设备沉积单少层 MoS_2 薄膜。根据本课题组已有研究成果表明，ALD 沉积 MoS_2 的生长温区在 370 ~ 490℃。本实验选择 400℃ 作为 MoS_2 的生长温度。将二氧化硅片抛光面朝上放置于石英舟上，置于 ALD 反应腔内，密封反应腔并保持真空氛围。将 $MoCl_5$ 源瓶加热至 110℃，将反应腔加热至 400℃，保温 1h，确保二氧化硅片和反应腔室内温度都达到 400℃ 后，开始 ALD 循环。在一个完整的 ALD 循环中，$MoCl_5$、N_2、H_2S、N_2 依次交替通入腔体中，脉冲时间依次设置为 1s、60s、1s、60s。N_2 流量设置为 50sccm，用于吹扫和带走多余的前驱体。通过设置不同的循环数，以实现不同厚度 MoS_2 的生长。预计进行 30 ~ 90ALD 循环以获得 1 ~ 4 层 MoS_2 薄膜，并且将不同循环 MoS_2 记为 xc-MoS_2，xc 代表 ALD 循环数。

（2）纳米级厚度 C_{60} 的制备

切割与清洗二氧化硅片的流程与制备 MoS_2 的二氧化硅片的流程相同。称取 5mg C_{60} 粉末至钨舟上，将二氧化硅片的非抛光面粘至样品台上，将样品台固定于热蒸镀腔室内，密封腔室，抽真空使热蒸镀腔室内真空度达到 $9.0×10^{-4}$Pa 后，开始对钨舟加电流。热蒸镀 C_{60} 的蒸镀电流选择 50A，使 C_{60} 的蒸镀速度保持在 0.6Å/s。根据不同的热蒸镀时长，能够得到不同厚度的 C_{60} 薄膜。预计控制 C_{60} 薄膜厚度在 10nm 以内。

（3）MoS$_2$-C$_{60}$复合薄膜制备

根据上述步骤（1）沉积得到不同厚度的MoS$_2$薄膜后，通过步骤（2）在MoS$_2$薄膜表面真空热蒸镀C$_{60}$，得到MoS$_2$-C$_{60}$复合薄膜。复合薄膜的制造流程示意图如图7.27所示。

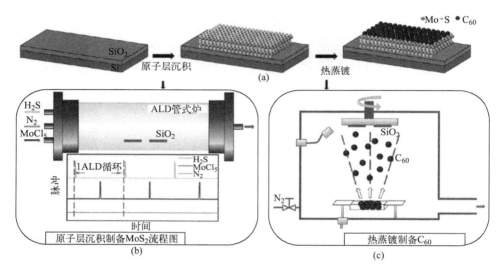

图 7.27 MoS$_2$-C$_{60}$复合薄膜制造流程示意图

以二氧化硅片为基底，利用自建ALD设备沉积单少层MoS$_2$薄膜。调控ALD沉积MoS$_2$的生长温区。将二氧化硅片抛光面朝上放置于石英舟上，置于ALD反应腔内，密封反应腔并保持真空氛围。腔体以及源瓶温度达到反应要求后，进行ALD循环。不同的循环数能得到不同厚度的硫化钼薄膜。在沉积得到不同厚度的MoS$_2$薄膜后，通过热蒸镀仪在MoS$_2$薄膜表面真空热蒸镀C$_{60}$，得到MoS$_2$-C$_{60}$复合薄膜。

以抛光的二氧化硅片作为基底，其平整表面有利于沉积或热蒸镀的薄膜获得均一的表面形貌，但随着沉积循环数和热蒸镀时长的增加，薄膜表面形貌发生变化，进而影响其作为沟道材料的性能，故需要控制MoS$_2$循环次数、C$_{60}$热蒸镀时长，以调控薄膜厚度和表面形貌，获得均一的复合薄膜作为FET器件的沟道材料。在ALD沉积中，不同循环数影响MoS$_2$薄膜的生长。在循环数较少时，由于成核位点分散，基于"自下而上"的ALD技术生长的MoS$_2$在二氧化硅表面岛状生长，无法形成连续薄膜，使得表面形貌较差。作为沟道材料应用于FET时，由于薄膜断续，使得沟道内载流子传递受到影响，进而影响器件性能和检测结果。而循环数过多，薄膜晶粒持续扩大后晶粒间相互接触，诱导 MoS_2 产生平面外纵向生长，且随着循环数增加，平面外生长越加明显，最终产生纳米花状结构，薄膜厚度无法有效控制，表面形貌被破坏，进而影响 FET 器件的制备和性能。因此，需要控制 ALD 循环数，在保证 MoS_2 薄膜连续性的同时，减少纵向生长的发生，有利于后续 FET 器件的制作和性能的调控。

MoS_2 的厚度与 ALD 循环次数呈正相关，且厚度的增加明显影响薄膜表面粗糙度。如图 7.28 所示，MoS_2 的厚度在 30 ～ 45 个循环和 60 ～ 75 个循环时增加较少且表面粗糙度下降。从 30 个循环到 45 个循环的 MoS_2 的厚度保持在 0.6 ～ 1.2nm 之间，即 1 ～ 2 层 MoS_2；从 60 个循环到 75 个循环的 MoS_2 的厚度保持在 2 ～ 2.6nm 之间，即 3 ～ 4 层 MoS_2。这是因为，当 MoS_2 在 ALD 中沉积时，首先在成核位置产生晶粒的岛状生长。此时，MoS_2 薄膜的表面覆盖率和连续性有所提高，厚度变化较少且薄膜表面粗糙度降低，与上述 AFM 扫描图的变化趋势一致。在 45 个循环到 60 个循环时，晶粒生长到相互接触，它们倾向于在晶界交界处生长新的 MoS_2 层，导致薄膜厚度明显增加且薄膜表面粗糙度增加。在 90 个循环时，薄膜纵向生长，这大大增加了薄膜的厚度和表面粗糙度。

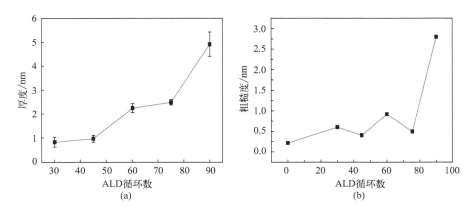

图 7.28 MoS_2 厚度与 ALD 循环关系图（a）以及 MoS_2 薄膜表面粗糙度与 ALD 循环关系图（b）

在热蒸镀中，蒸镀时长影响 C_{60} 薄膜的沉积。由于热蒸镀在真空条件下进行，控制热蒸镀环境的气氛与真空度能够控制 C_{60} 形成的微团的直径和表面结晶状况。因此，需要控制 C_{60} 的热蒸镀时长为 120s，来获得微团直径均一且分布均匀的 C_{60}

薄膜。

基于 ALD 沉积得到不同厚度的 MoS_2，基于热蒸镀沉积得到不同厚度的 C_{60}，基于两种沉积方法得到 MoS_2-C_{60} 复合薄膜材料，可实现大规模制备。MoS_2-C_{60} 复合薄膜材料中，C_{60} 被热蒸镀至 MoS_2 薄膜表面，MoS_2 和 C_{60} 之间发生电荷转移，表现为 MoS_2-C_{60} 样品中的 $1469cm^{-1}$ 特征峰发生明显红移，表示 MoS_2-C_{60} 复合薄膜形成范德华异质结，为后续场效应管的制作提供优势。不同循环数与热蒸镀时长获得的复合薄膜表面形貌不一，C_{60} 微团优先沉积于 MoS_2 薄膜间隙内，优化了薄膜的表面形貌。其中，60c-MoS_2-120s-C_{60} 和 75c-MoS_2-120s-C_{60} 薄膜的表面形貌较为均一，90c-MoS_2-120s-C_{60} 薄膜形貌最佳。90 循环制备得到的 MoS_2 由于晶粒间相互接触诱导产生的平面外纵向生长，薄膜厚度和表面粗糙度迅速增加，最终薄膜厚度达到 5nm。因此控制 ALD 在 90 个循环内，可以得到 4 层内连续性、表面形貌较好的 MoS_2 薄膜。

7.4.2　生物传感器构筑

在获得 MoS_2、MoS_2-C_{60} 薄膜作为沟道材料后，场效应管器件制备主要分为图案化沟道材料和热蒸镀金属电极两部分。其中，图案化沟道材料包括光刻、反应离子刻蚀、去胶等步骤；热蒸镀电极包括光刻、热蒸镀、去胶等步骤。FET 器件的制造流程示意图如图 7.29 所示。

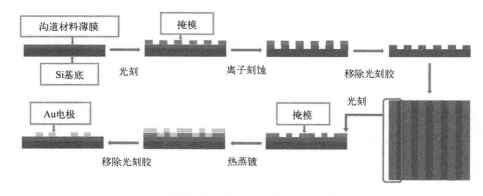

图 7.29　FET 器件制造流程示意图

热蒸镀时长为 120s 时形成的 C_{60} 薄膜晶粒粒径均匀且表面形貌均一，因此首先测试不同循环 MoS_2-120s-C_{60}-FET 器件的性能；选择出最佳的 MoS_2 循环数，

再测试该循环 MoS_2- 不同热蒸镀时长 C_{60}-FET 器件性能，从而选择出性能最优的
FET 器件。

不同循环 MoS_2-120s-C_{60}-FET 器件的转移特性曲线中，该组 FET 器件
在 $-20 \sim 60V$ 的栅压范围内，器件沟道达到完全阻断和导通。因此，在图中，可
计算得到器件的开关比，并可根据公式计算得到器件的载流子迁移率。由图 7.30
（b）可知，随着循环数增加，不同循环 MoS_2-120s-C_{60}-FET 器件的开关比增
加。与 MoS_2-FET 器件不同，该组器件的开关比在 90c-MoS_2-120s-C_{60} 时达到
最大，为 0.58×10^5。器件的载流子迁移率的变化趋势与开关比相同，且随着循
环数增加，器件的载流子迁移率增加，也在 90c-MoS_2-120s-C_{60} 时达到最大，为
$0.21cm^2/（V \cdot s）$。

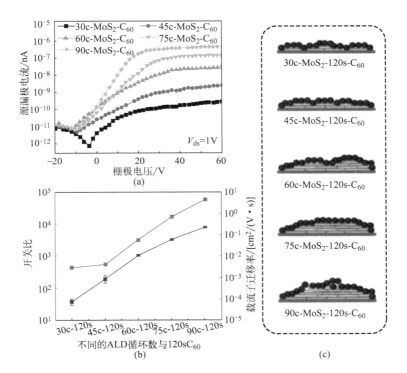

图 7.30 不同循环 MoS_2-120s-C_{60}-FET 器件转移特性曲线（a）、不同循环 MoS_2-120s-
C_{60}-FET 器件开关比及载流子迁移率（b）以及不同循环 MoS_2-120s-C_{60}-FET 器件沟道结构
示意图（c）

我们制备了最优的 90 循环数 MoS_2 和不同热蒸镀时长 C_{60} 薄膜作为沟道的

背栅场效应管，运用四探针台测试器件性能。对于复合薄膜作为沟道的 FET 器件，在器件沟道正上方 60cm 处增加激光发射器，照射沟道材料，激发材料的光电性能。由图 7.31 可知，C_{60} 薄膜不同热蒸镀时长会影响器件的开关比和载流子迁移率，但在热蒸镀 120s 时达到最佳，开关比为 4.36×10^5，载流子迁移率为 $4.07cm^2/$（V·s）。

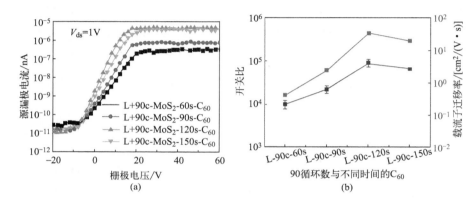

图 7.31 外加 1mW、405nm 蓝紫光条件下 90c-MoS_2- 不同时长 C_{60}-FET 器件转移特性曲线（a）以及 90c-MoS_2- 不同时长 C_{60}-FET 器件开关比及载流子迁移率（b）

7.4.3 C_{60}/MoS_2 生物传感应用验证

通过控制 ALD 循环调控 MoS_2 厚度，控制热蒸镀时长调控 C_{60} 厚度，制备得到不同厚度的薄膜作为沟道材料制成 FET，其中 90c-MoS_2-120s-C_{60}-FET 器件性能最佳。因此选择 90c-MoS_2-120s-C_{60}-FET 器件作为生物分子传感检测器件。器件在沉积了 AuNPs 后，固定 probe-RNA，制成 FET 生物传感器，对肿瘤标志物 miRNA-155 进行超灵敏检测。miRNA-155 通过 AuNPs 和 probe-RNA 固定在 FET 沟道表面，对沟道电荷产生影响，从而影响 FET 器件电流，实现超灵敏检测。通过对不同浓度 miRNA-155 的 FET 电流信号进行拟合，得到该传感器的检测极限。

如图 7.32 所示为外加功率为 1mW、波长为 405nm 的蓝紫光情况下对不同浓度的目标 miRNA-155 进行检测的电流响应曲线图。线性检测范围为 $10^{-11}M \sim 10^{-15}M$，协同校准的线性拟合度 R^2 为 0.994。根据公式：

$$y = 9.49\lg C_{miRNA} + 152.93$$

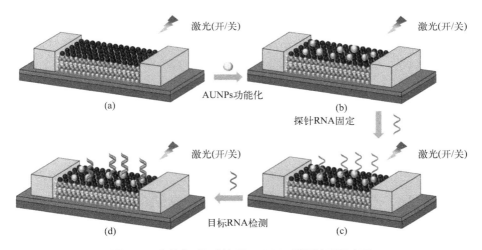

图 7.32 生物传感器制备及 miRNA 检测流程示意图

由图 7.33 计算得到外加蓝紫光条件下，FET 生物传感器的外推检测极限为 5.16aM。

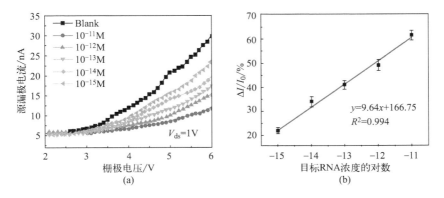

图 7.33 滴加了浓度为 10^{-11}M、10^{-12}M、10^{-13}M、10^{-14}M、10^{-15}M 的目标 miRAN-155 溶液且孵育 3h 的 FET 传感器和 Blank-FET 的电流响应曲线（a）以及对应的线性校准曲线图（b）

对该 FET 生物传感器进行特异性、重复性和稳定性讨论。分别对目标 miRNA-155、单碱基错配 miRNA-155、miRNA-182 和 PBS 溶液进行测试，验证得到其具有良好的特异性。在 300s 内连续 7 次重复测试，其电流的相对标准偏差为 3.15%，验证得到其具有良好的重复性。在恒温 4℃密封保存 8 天后，FET 生物检测传感器仍能保持初始性能的 92.3%，验证其具有良好的稳定性。

参考文献

[1]   Neamen D A. Semiconductor physics and devices. McGraw-Hill, 2012.

[2]   Sze S M. Semiconductor devices: Physics and technology. John Wiley & Sons, 2008.

[3]   Wang F, Song X Q, Liu A, et al. The Performance of Nano-Materials and Their Applications in Chemistry and Medicine.2003.

[4]   方敏，闫江，魏千惠，等 . 硅纳米线传感器灵敏度研究进展 . 微纳电子技术，2021.

[5]   Seo G, Lee G, Mi J K, et al. Rapid Detection of COVID-19 Causative Virus（SARS-CoV-2）in Human Nasopharyngeal Swab Specimens Using Field-Effect Transistor-Based Biosensor. ACS Nano, 2020, 14（4）: 5135-5142.

[6]   Radisavljevic B, Radenovic A, Brivio J, et al. Single-layer MoS_2 transistors. Nature Nanotechnology, 2011, 6（3）: 147-150.

[7]   Liu J X, Chen X H, Wang Q Q, et al. Ultrasensitive monolayer MoS_2 field-effect transistor based DNA sensors for screening of Down Syndrome. Nano Lett, 2019, 19(3): 1437-1444.

[8]   Sun Y, Peng Z S, Li H M, et al. Suspended CNT-Based FET sensor for ultrasensitive and label-free detection of DNA hybridization. Biosensors Bioelectronics, 2019, 137: 255-262.

[9]   Liang Y Q, Xiao M M, Wu D, et al. Wafer-Scale Uniform carbon nanotube transistors for ultrasensitive and label-free detection of disease biomarkers. ACS Nano, 2020, 14 (7): 8866-8874.

[10] Xiao H, Liu Y, Ding S, et al. Interface and Border Traps in the Gate Stack of Carbon Nanotube Film Transistors with an Yttria Dielectric. ACS Appl. Electron. Mater, 2023.

[11] Liu H, Chen L, Zhu H, et al. Atomic layer deposited 2D MoS_2 atomic crystals: from material to circuit. Nano Research, 2020, 13（6）: 1644-1650.

[12] Xing Y Q, Wang Y, Liu L, et al. Fabrication of MoS_2/C_{60} Nanolayer Field-Effect Transistor for Ultrasensitive Detection of miRNA-155. Micromachines, 2023 14（3）: 660.